魔法の
Cプログラミング演習書

―入門から実践まで―

博士(理学) 倉光 君郎 著

コロナ社

まえがき

　本書は，これ一冊解けば，プログラミング入門から実践的なプログラミングまでひととおり習得できる魔法の演習書を目指して書きました．

　本書は，まず教える立場から，徹底的に楽できることを目標としています．「はい」と一冊渡して，あとは Web 上にプログラミング情報はあふれているのだから自ら調べながら勉強を進めてほしい，願わくは本当に実用的なプログラムが書けるようになってほしい，という願望を実現できるように編集してあります．そのため，問題を解く上で検索すべき用語を キーワード のように枠で囲って，どういうところに興味をもち関心を広げていくべきか示してあります．どんどん調べて，プログラミングの深淵に迫ってもらいたいと思います．

　学ぶ者の立場からすると，丁寧に体系だって教えてくれる教科書がほしいなと思うかもしれません．しかし，そのような教科書では，プログラミングの本質を身に付けるのは難しいです．プログラミングは，習った知識を活用する能力だけでは不十分で，未知の問題にアプローチする「問題解決能力」が必要だからです．ちょっと難しい問題にも挑戦することで，問題解決の姿勢を身に付けてください．本演習書は，理解して進めれば，Web で検索しても，友達に聞いても構いません．立ち止まらずに，問題を解決し，前に進むことが大切です．

　本書の執筆にあたり，つぎのような点に配慮しながら，演習問題を集めてみました．

- 基礎から実践力まで，無理なくステップアップできる
- （問題数を厳選し）一題一題，新しい知見が得られる内容
- プログラミングへの興味が高まるように幅広いテーマ

　本書の問題は，著者の勤務校である横浜国立大学の「プログラミング入門」や「プログラミング演習」で出題してきた過去問をベースに出題しております．解説は，学生たちが間違いやすかった点を踏まえながら，講義の語り口で解説してみました．コーディングスタイルは，著者のオープンソース開発の経験を生かし，読みやすくバグの少ないコードを書く習慣が身に付くように心掛けました．また，先に解説を読んでもあまり実害がないように，中盤以降はできるだけソースコード全文の掲載は避けてあります．

　もしソースコード全文を参考にしたい場合は，著者の GitHub レポジトリを探してください．

https://github.com/kkuramitsu/book/

まえがき

この一冊を仕上げて，プログラミングの楽しさを学んでもらいたいと思います。

本書の執筆にあたっては多くの方にお世話になりました。その中でも，特に菅谷みどり氏，そして学生目線で草稿を読んでくれた千田忠賢氏，大川貴一氏に感謝します。またコロナ社には企画段階からたいへんにお世話になりました。本書で利用しているソフトウェアや技術的な内容は日ごろの研究活動のたまものです。研究室のメンバーに感謝します。最後に，こうして本を書いていられるのも妻雅子の協力があってこそです。ありがとう。

2016 年 12 月

倉光　君郎

問題の難易度

問題の難易度を表すレベルとして，各問題には★が付いております。難易度の参考にしながら，★を集める要領で問題を解いていってください。

【★】	言語文法に関する基礎問題
【★★】	初心者レベル
【★★★】	初心者卒業レベル
【★★★★】	情報系学科で標準的に期待されるレベル
【★★★★★】	挑戦者向け。解けなくても心配しなくてもよい問題

まずは目安として，★を 50 個以上集めることを目指してください。「プログラミング入門」は完了です。★を 100 個以上集めたら，どこに行っても恥ずかしくない基礎力が身に付いているでしょう。

目　次

1. 最初の一歩

1.1　Hello, world ………………………………………………………… *1*
1.2　表 示 と 書 式 ………………………………………………………… *3*
1.3　変 数 と 代 入 ………………………………………………………… *5*
1.4　演　算　子 …………………………………………………………… *7*
1.5　算術ライブラリ ……………………………………………………… *9*
1.6　関 数 定 義 …………………………………………………………… *10*
1.7　抽　象　化 …………………………………………………………… *12*
1.8　条 件 分 岐 …………………………………………………………… *13*
1.9　多 値 分 岐 …………………………………………………………… *15*
1.10　ル　ー　プ ………………………………………………………… *17*
1.11　ループと再帰 ……………………………………………………… *20*
（コラム）　C99 とコーディングスタイル ……………………………… *22*
1.12　デ バ ッ グ ………………………………………………………… *23*
1.13　アサーション ……………………………………………………… *25*
1.14　ま　と　め ………………………………………………………… *27*

2. ウォーミングアップ

2.1　最 大 公 約 数 ………………………………………………………… *28*
2.2　再　利　用 …………………………………………………………… *31*
2.3　インクルードファイル ……………………………………………… *32*
2.4　精 度 と 誤 差 ………………………………………………………… *33*
2.5　2 の補数表現 ………………………………………………………… *36*
2.6　モンテカルロ法 ……………………………………………………… *37*
2.7　数当てゲーム ………………………………………………………… *39*

2.8 立 方 根 ……………………………………………………………… 41
2.9 ゴール指向で考える ………………………………………………… 43
2.10 科 学 的 手 法 …………………………………………………… 45
2.11 採 用 試 験 ……………………………………………………… 47

3. 配 列

3.1 循環する数列 ………………………………………………………… 50
3.2 統 計 関 数 ……………………………………………………… 53
3.3 バブルソート ………………………………………………………… 55
3.4 順　　　　列 …………………………………………………………… 57
3.5 サ イ コ ロ ……………………………………………………… 58
3.6 シーザー暗号 ………………………………………………………… 60
3.7 エラトステネスのふるい …………………………………………… 63
3.8 ハノイの塔 …………………………………………………………… 65
3.9 ライフゲーム ………………………………………………………… 68
3.10 メ　モ　化 ……………………………………………………… 72
3.11 FizzBuzz 問題 ……………………………………………………… 74

4. ポ イ ン タ

4.1 メモリとアドレス …………………………………………………… 78
4.2 参 照 渡 し ……………………………………………………… 80
4.3 void ポインタ ………………………………………………………… 83
4.4 ポインタと配列 ……………………………………………………… 85
4.5 ヒ　　ー　　プ ……………………………………………………… 87
4.6 メモリ領域 …………………………………………………………… 90
4.7 可変長配列 …………………………………………………………… 93
4.8 構　造　体 ……………………………………………………… 95
4.9 ライブラリとポインタ ……………………………………………… 97
4.10 ポインタによる連結リスト ………………………………………… 99
4.11 メモリリーク ………………………………………………………… 101

4.12	スタックオーバーフロー	103
4.13	セグメンテーション違反の原因	104
4.14	関数ポインタ	108
4.15	ま と め	110

5. Cを超える

5.1	マクロと言語拡張	111
5.2	不 変 性	114
5.3	脆 弱 性	116
5.4	文字列の連結	117
5.5	共用体とキャスト	118
5.6	部 分 型	121
5.7	型 検 査	123
5.8	オブジェクト指向への道	125
5.9	ガベージコレクション	128
5.10	例 外 処 理	131
5.11	ま と め	134

6. システムプログラミング

6.1	コマンド引数	135
6.2	コマンド実行	138
6.3	ファイル読込み	139
6.4	CSVファイルの出力	141
6.5	実行時のエラー処理	144
6.6	カラフルなプログラム	147
6.7	クロスプラットフォーム	148
6.8	オープンソースライブラリ	151
6.9	ま と め	154

7. データ構造とアルゴリズム

7.1 キュー ………………………………………………………………… 155
7.2 スタック ………………………………………………………………… 157
7.3 分割統治法 ……………………………………………………………… 158
7.4 帰着 ……………………………………………………………………… 162
7.5 グラフの探索 …………………………………………………………… 163
7.6 動的計画法 ……………………………………………………………… 166
(コラム) 競技プログラミング ………………………………………… 168
7.7 まとめ …………………………………………………………………… 169

8. 仕上げの問題

8.1 ベンチマーク …………………………………………………………… 170
8.2 アルゴリズムの選択 …………………………………………………… 173
8.3 ワードカウント ………………………………………………………… 175
8.4 仕様変更 ………………………………………………………………… 180
8.5 10 パズル ………………………………………………………………… 182
8.6 完全情報ゲーム ………………………………………………………… 184
8.7 オセロ AI の対戦 ……………………………………………………… 186
8.8 制限付きの正規表現 …………………………………………………… 188
8.9 自由課題 ………………………………………………………………… 191
(コラム) よいコードとよいソフトウェア …………………………… 192

索引 …………………………………………………………………………… 193

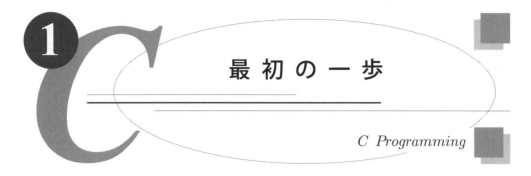

1 最初の一歩

C Programming

この章は，プログラミング初学者向けの基本文法を確認しながらのスタートアップです。最初のうちは，他人の書いたコードを参考にする機会も多いと思います。プログラムが動いたら満足ではなく，好奇心をもってここを変更したらどうなるだろうと試してみてください。

1.1 Hello, world

演習室で課題を解くときは，教員があらかじめプログラミング環境を用意してくれています。しかし，演習室を一歩出たら，誰かがプログラミング環境を整備してくれることはありえません。ということは，自分自身で，自分のパソコンに環境設定できなければ，頑張って勉強した知識やスキルはどこで使うのでしょうか？まずは，Webの情報を頼りに是非 C プログラミング環境設定 を試してみてください。

この問題はプログラミングを始める前段階に難しさがあるので，いきなり涙の★★★です。

★★★

問題 1.1: （自分のパソコンにプログラミング環境を設定し）C プログラムを書いて，hello,world と表示せよ。

【ヒント】 まずは内容を気にせず，つぎのコードを一字一句正確に入力してみよう

```
#include<stdio.h>
int main() {
   printf("hello,world\n");
   return 0;
}
```

【難度 Up! (★★★★)】 コンパイラは Clang がオススメです。

解　説

Hello, world プログラムは，C 言語の開発者 K & R（Kernighan and Ritchie）による『プログラミング言語 C』（原題：The C Programming Language）に登場する最初の C プ

ログラムです．あまりに有名なプログラムなので，プログラミング環境（C コンパイラやエディタ）の動作確認をするテストプログラムの代名詞になっています．

ここでは，標準的な Unix 開発環境が設定できたという想定で進めます．コンパイラは Clang を想定しています．

まず，vim などのエディタを使って，ヒントのコードを入力し，hello.c というファイル名に保存してください．

Hello, world プログラムでは，あまりコードの内容を考えずに動かしてみることが重要です．ただし，内容が気になる読者のために簡単に解説を付けると：

- 関数 main() は，プログラムが起動したとき，最初に実行される関数です．最後の return 0 は，プログラムが正常に完了したことを表す状態です（この辺りは，C 言語というより，オペレーティングシステムの決まり事です）
- 関数 printf() は，書式付きで文字列表示をするライブラリ関数です．この関数を利用するため，標準入出力（standard input/output）ライブラリ stdio.h を事前に include しています

C 言語は，コンパイラ型 のプログラミング言語です．コンパイル＆ビルドという手続きを踏んで，実行可能なプログラムを得ることができます．

標準的な Unix の開発環境であれば，hello.c は，つぎのとおり make コマンド一発でコンパイル＆ビルドできます．ターミナルのプロンプトから入力してみてください．

```
$ make hello
cc     hello.c   -o hello
```

コンパイル＆ビルドに成功すると，新しく hello コマンドが作成されます．同じく，Unix ターミナルのプロンプト $ から実行し結果が得られます．

```
$ ./hello
hello,world
```

構文エラー

もしコンパイル＆ビルドに失敗すると，（それはソースコードが文法的に正しくなかった場合ですが，）エラーメッセージ（error）が表示されます．error というキーワードには注意してください．つぎは，エラーメッセージの例です．

```
$ make hello
cc     hello.c   -o hello
hello.c:3:25: error: expected ';' after expression
        printf("hello,world\n")
```

```
                    ^
                    ;
1 error generated.
make: *** [hello] Error 1
```

エラーメッセージは，コードの上の問題箇所を行番号，例えば hello.c:3 のように指摘してくれます．英語でメッセージが表示されたとしても，無視しないでください．もしエラーメッセージの意味が見当も付かない場合は， error: expected ';' after expression のように，そのまま検索すると，ヒントが得られることも多いです（ちなみに，上のエラーは文末の ; の打ち忘れによるものです）．エラーを修正したら，再度，コンパイル＆ビルドし，エラーメッセージが出力されなくなるまで繰り返します．

もちろん，「vim や make を使うのはしんどい」という人もいるでしょう．そういう場合は， 統合開発環境 IDE を用いて演習を行っても構いません．よりプログラミングしやすい環境を整えるのも重要なプログラミング能力の一つです．

1.2 表示と書式

C プログラミングの学習において，まず初めに慣れておきたいのは，printf 関数と書式です．これらは，プログラムの実行結果を表示するだけでなく，プログラムが期待どおり動作しない場合，原因を探すのに使うからです．

問題 1.2: つぎは，変数 x に対して，キーボードから入力した整数値を読み込み，その整数値を表示するコードである．

```c
#include<stdio.h>
int main() {
    int x = 0;
    printf("x=");
    scanf("%d", &x);
    printf("x=%d\n", x);
    return 0;
}
```

このコードを修正することで，変数 x の値を 10 進数表記と 16 進数表記で 1 行に表示するようにせよ．

【ヒント】 printf 書式
【例】 x=255 なら x=255, FF

4 　 1. 最 初 の 一 歩

【難度 Up!（★★）】 整数の代わりに，実数 0.12345 を入力したら，0.1235 1.23e-01 12.35%と表示する

解　　説

　C 言語の初学者には，多少，意味が理解できない記法があっても「決まり文句」だと思って，前に進まないといけないところがあります。ポインタを理解するまでは，scanf("%d", &x) は，ユーザの数値入力を変数 x に読み込むときの「決まり文句」としてください。

　関数 printf() は，Hello, world プログラムでも使ったとおり，" ... "で囲まれた文字列[†] を 標準出力 (stdout) に出力するライブラリ関数です。文字列の中で%で始まる書式（format）を書くと，書式に従って数値をフォーマットして表示してくれます。なぜ書式機能があるのかといえば，整数値はコンピュータ内部ではビット列（ 2 の補数表現 ）で表現されており，人間が読むためには 10 進数や 16 進数の表現に変換する必要があるからです。書式は，その変換の役割を担当しています。

　整数の 10 進数表記は%d，16 進数表記は%x となります。問題は，「10 進数表記と 16 進数表記で 1 行に出力する」ということなので，改行 (\n) の前に 2 種類の書式を書いて，変数 x を 2 回，それぞれの書式で表示できるようにします。

```
printf("x=%d %x\n", x, x);
```

　改行 (\n) は文字列の中で特別な文字コードを表す エスケープシーケンス と呼ばれる記号です。改行以外に，ダブルクオート (\")，バッククオート (\\) など，文字列中にそのまま表現できない文字を表すのに使います。書式と併せて，エスケープシーケンスも調べておきましょう。

浮動小数点数の出力

　課題★★は，実数の入力と出力です。ただし，C 言語では，厳密な意味で，実数を扱うことはできません。実数を近似したデータ型として，単精度浮動小数点数 float 型 と倍精度浮動小数点数 double 型 が用意されています。特に理由がないかぎり，精度の優れた double 型 を使います。double 型 の変数にユーザ入力を読むときは，scanf の書式は%d の代わりに%lf を使います。

```
double x = 0.0;
scanf("%lf", &x);
```

[†] 文字列は，文字が並んだデータで，ポインタ操作を覚えると，整数値と同じくプログラムから操作できます。

これも，標準入力から double 型の変数を読み込む「決まり文句」としてください（混乱しやすい話ですが，あとから述べる関数 printf() の書式とは別物です．%f ではありません）．

double 型の printf() の書式は，%f と %e の 2 種あります．それぞれ小数点表記，指数表記を意味します．また，オプションで桁数を指定することができます．例えば，つぎのようにすると，それぞれ小数点以下 4 桁，2 桁の指定となります．

%.4f %.2e

百分率表記は，専用の書式がありません．表示する前に，(x * 100) のように100倍して，百分率に変換します．最後の単位の%は，検索力を試すような意地悪な問題でしたが，%% という特殊な書式を使います．結構，\% と間違えてしまう箇所です．

さて，まだ★★問題なので，ソースコード全文を掲載しておきましょう．

```
#include<stdio.h>
int main() {
   double x = 0.0;
   printf("x=");
   scanf("%lf", &x);
   printf("x=%.4f %.2e %3.2f%%\n", x, x, (100*x));
   return 0;
}
```

print() の書式は，C 言語の主要な型ごとに用意されています．新しいデータ型を学んだら，書式を確認して正しく表示できるようにしましょう．

1.3 変 数 と 代 入

数学は得意だけど，どうもプログラミングは苦手という学生は少なくありません．C 言語は，数式の記法は数学を基盤にしていますが，数学とは本質的に異なる世界です．両者の違いを理解し，発想を切り替えることが必要です．

> **問題 1.3:** $n = n + 1$ は，数式としては（矛盾しているので）成り立たないが，プログラムとしてはある正しい操作であることをプログラム実行例と共に示せ．

解　説

C 言語では，演算子 = は「代入 (assignment)」と呼ばれる操作をする演算子です．つぎの式は，「変数 n に対し，変数 n+1 の結果を代入する」という意味です．

```
n = n + 1
```

重要なのは，代入はユーザからコンピュータに対する「命令」である点です．コンピュータは代入の命令を受けると，変数の値を更新します．つまり，変数 n の値を一つ増やすという操作†となります．

代入操作を確認するためには，前後に printf() を挿入して，変数 n の値を表示し，その変化を確認すればよいわけです．

```
printf("n=%d\n", n);
n = n + 1;
printf("n=%d\n", n);
```

ただし，これだけではプログラムとして動作しません．新しい変数を使うときは，変数名とその型を宣言する必要があるからです．

変数宣言とスコープ

変数宣言は，つぎのように，型名につづけて変数名を宣言します．

```
int n;        // 初期化なし
```

これは，C 言語の文法的に正しい変数宣言ですが，これから，C プログラミングを覚える皆さんは，つぎのように初期値を設定するように習慣づけてください（こうすることで，将来，意味不明なバグで時間を失う悲劇が避けられます）．

```
int n = 0;
```

宣言した変数は，スコープと呼ばれる有効範囲があります．変数宣言した { ... } ブロック内でのみ有効です．ローカル変数と呼びます．

```
{
    int n = 0;
    n = n + 1;
}
// ここでは，変数 n はスコープ外で使えない
```

ところで，変数の初期化をしないとどうなるのでしょう？

C 言語は，変数の初期値に対してなにも保証しません．たまたま 0 となっている場合もありますが，つぎに実行したとき同じ初期値であるともかぎりません．だから，初期値の設定を忘れると，「さっきまで動いていたのに動かなくなった」みたいなバグに悩まされ，プログラミング不信になります（今回は，「たまたま」が，どういう初期値になるか，調べておくのは悪くないでしょう）．

---

† なんか，気持ち悪いなと感じる方は，その感覚を大切にして，将来，関数型プログラミング言語に挑戦してみてください．

少し話がそれましたが，C プログラムは，このように変数が保持している値を変化させながら動作させます。うまくプログラムが動作しないときは，変数の値が想定と異なる場合がほとんどです。だから，printf() を挿入して，変数の値を調べることは，バグとりの重要なヒントとなります。この方法は，printf デバック と呼ばれ，最も初歩的なデバック技法となります。

1.4 演　算　子

まず，コンピュータの語源どおり，計算機としての使い方をマスターしていきましょう。

問題 1.4: つぎは，変数 x, y に対して，キーボードから入力した数値を読み込み，加算の結果を表示するコードである。

```
#include<stdio.h>
int main() {
   int x, y;
   printf("x y =");
   scanf("%d %d", &x, &y);
   printf("%d+%d=%d\n", x, y, x + y);
   return 0;
}
```

整数 int 型の二項演算子をすべて調べ，それぞれの演算結果を表示するように修正せよ。

【ヒント】　演算子は，四則演算，比較演算，論理演算，ビット演算 などがある（ビット演算の結果は，16 進表記にするとよい）

解　　説

C 言語や多くのプログラミング言語は，数学の記法を用いて式（expression）を書けるように設計されています。

```
x + y     // 加算    x - y    // 減算
x * y     // 乗算    x / y    // 除算（商）
x % y     // 余算（余り，mod）
```

ただし，×記号や÷記号は使えません。代わりに，*や/を用います。この理由は，C 言語が設計・開発された当時，利用できる文字が限られていたためです。

演算子を結合させたとき，演算の優先度，つまり計算する順序も，数式の記法と解釈をそのまま継承しています。

```
x * y + z         //   (x * y) + z と同じ
x + y * z         //   x + (y * z) と同じ
```

演算の順序を変えたい場合は，先に計算する演算を( )で囲みます．

```
x * (y + z)       (x + y) * z
```

比較演算は，数値の同値，大小を比較する演算子です．注意すべきところは，数値の同値は=ではなく，2重の==を用いるところです（=は，代入演算として別の意味になります）．

```
x == y    // 等しい        x != y    // 等しくない
x < y     // より小さい     x <= y    // 以下
x > y     // より大きい     x >= y    // 以上
```

比較演算子の結果は，**論理値**（boolean value），つまり**真値**（true），**偽値**（false）を表す二値になります．C言語は，歴史的には，論理値を表すため，int型の1[†]と0を用いてきました．これでは，整数と論理値の区別が付かないため，C99からbool型とtrue, falseが定義されましたが，実体はint型の1と0のままです．ただし，コードを書くときは，論理値はtrue, falseと書いたほうが意味が明らかになります．

論理演算は，論理値の論理積，論理和，否定を表す演算子です．if文などの条件式で利用します．

```
x && y    // 論理積（x かつ y）
x || y    // 論理和（x または y）
!x        // 否 定（x でない）
```

これらの論理演算子を組み合わせて，複雑な条件を書くことができます．

```
(x > 0) || (y > 0)            !(x <= 0) && !(y <= 0)
```

最後に，覚えてマスターすると便利なのがビット演算です．論理演算に似ていますが，整数値をビット列として見たときの個々の0, 1に対して，論理積，論理和，排他論理和などの演算を行います．

```
x & y     // AND     x | y     // OR       x ^ y    // XOR
x << y    // 左シフト  x >> y    // 右シフト   ~x       // 補数
```

さて，具体的にそれぞれの演算子がどのような演算結果になるのかは，問題プログラムを実行しながら確かめてみてください．

[†] もう少し正確に書くと，真値は必ずしも1だけでなく「0以外のすべての整数値」です．

1.5 算術ライブラリ

演算子にない計算は，算術ライブラリを使って計算してみます．

> **問題 1.5:** キーボード入力から実数 x を読み込み，x の 2 乗 (x^2) と x の平方根 ($\sqrt{x}$) を表示するコードを書け． ★

【ヒント】 平方根は， 算術ライブラリ math.h を使うとよい

解 説

C 言語は，x^y も $\sqrt{x}$ も，それに相当する演算子が存在しません．いよいよ演算子を組み合わせてプログラミングすることになります．

x^2 は，明らかに $x \times x$ なので簡単です．

```
x * x
```

平方根は，Newton–Raphson 法などを利用して計算することができますが，このような有名なプログラムはすでに誰か先人が書いています．しかも，C 言語はライブラリ関数としてそれを利用できる形で提供してくれています．

平方根は，標準算術ライブラリ (`math.h`) において，関数 `sqrt(x)` (square root) として定義されています．定義されたライブラリ関数は，つぎのように式の一部として自由に利用できます．

```
sqrt(x)      sqrt(x * x)      sqrt(x) * sqrt(x)
```

ライブラリ関数を使うときは，忘れていけないのは，ヘッダファイルの追加インクルードです．標準入出力ライブラリと同様に，ファイルの先頭で `#include` しておきましょう．

```c
#include<stdio.h>
#include<math.h>        //追加する
int main() {
    double x = 0.0;
    printf("x=");
    scanf("%lf", &x);
    printf("x^2=%f\n", x * x);
    printf("sqrt(x)=%f\n", sqrt(x));
    return 0;
}
```

実践的なプログラミングには，ライブラリを使いこなす能力が重要になります．逆に，ラ

イブラリ関数があるのに，もう一度，自分でプログラミングしてしまうことを 車輪の再発明 と呼びます。もちろんですが，車輪の再発明はできるだけ避けなければなりません。

現在は，標準ライブラリだけでなく，オープンソース† でも優れたライブラリが存在します。プログラミングするときは，つねに，ライブラリはないかなと調べる姿勢も大切です（少なくとも，つぎに進む前に，`math.h` にはどのような関数があるか調べておきましょう）。

1.6 関数定義

問題 1.5 では，算術ライブラリ関数 sqrt(x) を使って平方根を求めました。今回は，自分で関数をつくる方法を学んでみましょう。

> **問題 1.6:** つぎの 2 次関数を定義し，変数 x を 0.0 から 1.0 の間で 0.1 ごとに $f(x)$ の値を表示せよ。
> $$f(x) = x^2 - 2x + 1$$

解 説

C 言語は，数学から多くの記法を拝借しています。関数定義も，そのまま数学風に定義できたらうれしいのですが，残念ながら構文エラーとして受け付けてもらえません。

```
f(x) = (x * x) - (2 * x) + 1
```

C 言語特有の構文規則に従って関数定義する必要があります。

まず，C 言語は， 静的型付き言語 なので，関数定義は，変数宣言と同じく「型付け」が必要です。具体的には，$f(x)$ の引数（パラメータ）x の型，$f(x)$ の結果の型を決める必要があります。

ここでは，型付けする名前（関数名，引数名）の前に型を double 型のように宣言します。

```
double f(double x) = (x * x) - (2 * x) + 1   // まだ，構文エラー
```

これで型付けはすみました。しかし，まだまだ正しい C 言語の関数定義ではありません。

C 言語の関数は，（今回の例は式だけなのですが，）式だけでなく複数の文を含めることができます。だから，関数の本体は，必ずブロック { } で囲むことになっています。

```
double f(double x) {
    (x * x) - (2 * x) + 1
```

---
† オープンソースは玉石混交なため，ある程度，C ソースを評価できるようになるまでは，積極的な活用はやめておきましょう。

}
```

いままで，特に考えることなく書いてきた main() 関数に似てきましたね．しかし，まだ関数定義としては完成していません．

なにが足りないかというと，関数としての結果を示す部分です．C 言語は，return 文を使って明示的に計算結果を返すようにしなければなりません（文なので文末のセミコロン (;) を忘れないでください）．

```
double f(double x) {
    return (x * x) - (2 * x) + 1;
}
```

このように return 文を用いて計算結果を示すことから，関数の計算結果のことを「関数の戻り値」，もしくは「関数の返り値」と呼びます．

先ほどは，数式 $f(x)$ の定義どおり，関数定義をしてみましたが，C 言語はもっと自由にいろいろ書くことができます．例えば，ローカル変数 result を用意し，計算結果を途中で表示するようにすることも可能です．

```
double f(double x) {
    double result = (x * x) - (2 * x) + 1;
    printf("x=%f => %f\n", x, result);
    return result;
}
```

関数の利用

定義した関数は，ライブラリの関数 sqrt(x) と同じように他のコードから利用できます．関数を利用することを「関数を呼ぶ」，「関数コール」，「関数適用」などと呼びます．書き方は，つぎのとおり，関数名につづいて引数を与える形式になります．

```
f(0.0)
```

ここでも，初学者向けの注意があります．

ソースコード上では，関数定義を先に書き，「関数を呼ぶ」のはあとになる順番で書きます．今回の例では，つぎの順番になります．

```
double f(double x) {
   return x * x - 2 * x + 1;
}
int main() {
   printf("f(%f) => %f\n", 0.0, f(0.0));
   printf("f(%f) => %f\n", 0.1, f(0.1));
   ...
   printf("f(%f) => %f\n", 1.0, f(1.0));
```
```

```
    return 0;
}
```

C言語では，先に関数定義がないと，未定義として扱われます。ライブラリ関数を利用するとき，先にインクルード (include) するのは，ヘッダファイルの中に定義が宣言されているからです。

ただ，プログラミングをしていると，どうしてもまだ定義をしていない関数を先に利用したいケースが発生します。そういうときは，プロトタイプ宣言を使って対応します。ただし，そういうケースが発生するまでは，わざわざプロトタイプ宣言を覚える必要もありません。まず関数定義から先に定義して，あとから関数を使うと覚えておきましょう。

さて，0.0 から 1.0 まで表示するのに，$f(0.0), f(0.1), f(0.2), ...$ と順番に書いてもよいですが，for 文を学んだら，ループ構造で書き直してみてください。

1.7 抽 象 化

抽象化（abstraction）は，プログラミングの本質です。さまざまなレベルの抽象化が登場します。パラメータ化による抽象化を見ていきまよう。

問題 1.7: つぎのような式を共通化する関数を定義せよ。

$$0 + 1 \quad 3 * x + 1 \quad x + 1 + 1$$

★★

【ヒント】「ある式」に対して「1 を加算する」という共通操作があるように見えませんか？

解　説

抽象化とは，基本的には同じようなコードの繰り返しを避けて，共通部分をまとめることです。こうすることで，コードの見通しがよくなり，それ以降同じようなコードを書かなくてもすむようになります。もし将来，バグなどで修正が必要になったときも，抽象化しておくことで少ない作業量で修正が可能になります。

関数定義は，問題 1.6 のように数学的な関数を定義するときだけでなく，コードの一部を**パラメータ化**（parameterize）して共通化するときにも利用します。void 型 は値のない特別な型ですが，コードを共通化して関数をつくったときに，戻り値のない場合に用います。

プログラムの抽象化で難しい点は，コードの中から共通部分を見抜き，共通でない部分を**パラメータ**として取り出すところです。今回は，共通部分は「1 を加算する」，共通部分でな

い部分は「加算される対象」となります。共通部分は関数の本体に定義し，それ以外はパラメータとして関数の引数で渡せるようにします。

さらっと，問題の式を共通化する関数を書いてしまうと：

```
int succ(int x) {
    return x + 1;
}
```

これで，与えられた式 $0+1$, $3*x+1$, $x+1+1$ は，それぞれ $\boxed{succ}(0)$, $succ(3*x)$, $succ(succ(x))$ と書き換えられます（ちなみに，関数 succ(x) と 0 を使えば，任意の自然数を書き換えられますが，もし 3 を $succ(succ(succ(0)))$ と書いたら著しく読みにくいでしょう）。

最後に，コードの抽象化では，関数の命名も重要になります。数学の世界では，関数は f や g などのあまり意味を主張しない名前を使いましたが，プログラミングの世界では関数名は抽象化されたコードを識別する名前です。必ず，関数名から関数の意味や目的が想像しやすい名前を付けてください。また，コードには国境はありませんから，和英辞典を引きながら，英語ベースで名づけるようにしましょう。ちなみに，関数 $succ()$ の名前は，successor を短縮したものに由来しています。

1.8 条 件 分 岐

条件分岐は，最も基本的な制御構造です。if 文を一つ正しく習得すれば，プログラミングの自由度は大幅に上がります。

問題 1.8: 関数 max(int x, int y) は，変数 x と変数 y を比較し，その大きなほうの値を得る関数である。つぎの三つの要件を満たす方法で，それぞれ定義せよ。

要件 (1) if 文と else 節を使う

要件 (2) if 文は使うが，else 節は使わない

要件 (3) if 文は使わない

【難度 Up! (★★)】 加えて，$\boxed{マクロ}$で max(x,y) を定義する

解　　説

まず，**要件 (1)** は，if 文で条件分けされた構造を素直に書きます。直ぐに return するだけなので，難しいところはないはずです。

```
int max(int x, int y) {
    if(x > y) {
```

```
        return x;
    }
    else {
        return y;
    }
}
```

ただ，return 文だけの単文であっても，ブロックとインデント（字下げ）を用いて書く習慣を付けましょう（制御構造の関係がはっきりするからです）。

要件 (2) は，制御フローを見直して書きます。もし (x > y) の場合は，return x; において関数を抜けているから，if 文のつぎに到達することはありません。だから，else 節を省略して，return y; だけ書いても同じ動作になります。

```
int max(int x, int y) {
    if(x > y) {
        return x;
    }
    return y;
}
```

三項演算子（条件演算子）は，if 文と同様に，条件に応じて文ではなく評価する式を変更する便利な演算子です。今回は，if の分岐は共通して return 文だけなので，return を左側にくくり出して，三項演算子に書き換えることができます。

```
int max(int x, int y) {
    return (x > y) ? x : y;
}
```

これで，要件 (1)，要件 (2)，要件 (3) をそれぞれ満たす max(x,y) を定義できました。もちろん，なにも指定がなければ，どの方法の関数定義でも構いません。

もう一つ，簡単な関数であれば，つぎのように**マクロ**（macro）を使って定義することもできます。これが，難易度★★の答えとなります。

```
#define max(x, y)      ((x) > (y)) ? (x) : (y)
```

マクロは，プリプロセッサを活用した特別な記法で，コンパイルする前にコードを書き換える機能です。上のようにマクロ定義すると，例えば max(a-1, b+1) のような式は，そのままパラメータに相当する部分が書き換えられて，((a-1) > (b+1)) ? (a-1) : (b+1) に変換されます。このような変換を**マクロ展開**（macro expansion）と呼びます。

マクロはとても便利な機能で，実用的な C プログラミングでは多用されます。一見，関数のように見えても，実はマクロで定義されていることも少なくありません。ただし，マクロの副作用もあるので注意する必要があります。

近年は，コンパイラによる インライン展開 も一般的になっているので，関数定義のほうが安全で性能も十分なケースが増えています。

1.9 多値分岐

switch/case は，本来は ジャンプテーブル をつくって，効率よく分岐する制御構造です。一方，いろいろとクセの強い構文なので，最初のうちは if 文を使いこなして分岐を書いたほうがよいでしょう。

★★

問題 1.9: つぎは，10段階評価点 $(10, 9, ..., 1, 0)$ を評語 (AA, A, B, C, F) に変換して表示するコードである。

```
switch(score) {
case 10:
    printf("A");
case 9:
    printf("A");
    break;
case 8:
case 7:
    printf("B");
    break;
case 6:
case 5:
    printf("C");
    break;
default:
    printf("F");
}
```

評点と評語の関係を変えることなく，if 文で書き換えよ。

【ヒント】 if/else if 文を使う

【難度 Up! (★★★)】 配列でも書き直す。配列は3章以降を参照

解　　説

まず，ソースコードから10段階評価点と5段階語の対応関係を正しく読み取りましょう。注意すべき点は，switch/case では，case のあと，break 文が来るまで，分岐処理が中断されない点です。したがって，case 10: は，printf("A") を表示したあと，case 9: の表

示もつづけて，結果として AA が表示されています（もちろん，これは出題のためにわざと書いたコードで，読みやすいお手本ではありません）．

つづいて，if 文で書直しを考えます．ナイーブな書換えは，つぎのとおり，評語ごとに条件判定を行う方法です．

```
if (score == 10) {
    printf("AA");
}
if (score == 9) {
    printf("A");
}
if (score == 8 || score == 7) {
    printf("B");
}
if (score == 6 || score == 5) {
    printf("C");
}
if (score < 5) {
    printf("F");
}
```

もちろん，これは正しい書換えです．しかし，score == 10 のとき，すでに AA を表示しあとはなにも処理する必要がないのに，その後も if 文による冗長な判定をつづけています．

この冗長な判定を避けるためには，あとにつづく条件判定を else 節に入れます．お約束に従って，ブロックの中に入れると

```
if (score == 10) {
    printf("AA");
} else {
    if (score == 9) {
        printf("A");
    } else {
        if (score == 8 || score == 7) {
            ....
```

これで，冗長な条件判定をしなくてすむようになりました．ただし，else 節のインデントが深くなって，読みにくくなります．

本書では，if 文はブロックで書くことを推奨しているのですが，今回のように else ブロックの中に if 文がつづく場合は，慣習的に従い else if のように単文で書きます．ただし，else if 文のような特別な構文があるわけではありません．

```
if (score == 10) {
    printf("AA");
} else if (score == 9) {
    printf("A");
```

```
    } else if (score == 8 || score == 7) {
        printf("B");
    } else if (score == 6 || score == 5) {
        printf("C");
    } else {
        printf("F");
    }
```

これで，switch/case を if 文で書き換えることができました。

最後に，ちょっと細かい注意を：書き換えたコードは，動作はまったく同じですが，実行性能は異なります。if 文は，if(score == 10) から順番に条件判定をするので，変数 score の値によって実行性能が変わります（だから，性能を気にするときは，出現頻度の高そうな順に書き直します）。一方，switch/case の場合は，case の数値がきれいに並んでいる場合は，ジャンプテーブルを作成し，目的とする case にワンステップで分岐されます。

だから，switch/case のほうがよいように見えるかもしれませんが，効率よく switch/case が書ける場合は，（3 章で演習する）配列でも書けます。

```
const char *grade[11] = {
    "F", "F", "F", "F", "F",
    "C", "C", "B", "B", "A", "AA"
}
printf("%s", grade[score]);
```

ほとんど場合は，switch/case より配列のほうがシンプルですっきりしたコードになるので，初学者は switch 文を無理にマスターする必要はありません。

1.10　ル　ー　プ

ループ（loop）構造と再帰（recursion）構造は，プログラミング初学者にとって最初の難所となるポイントです。ここが無事に越えられたら，あとはポインタまで大きな壁はありません。

問題 1.10: つぎのような繰り返し動作をするプログラムを作成せよ。

(1) ユーザから数値の入力を受ける
(2) 入力された数値が奇数なら odd と表示し，(1) に戻り繰り返す
(3) 入力された数値が偶数なら even と表示し，(1) に戻り繰り返す
(4) 入力された数値がマイナスなら，なにも表示せず終了する

【難度 Up!（★★）】　for 文を使う

解　説

まず，繰り返しのないコードを考えてみます。変数 n を，ユーザから入力された数値とします。奇数と偶数は，変数 n を 2 で割ったときの余りで判定できます。マイナスのときは表示しないという条件も含めると，プログラムは以下のとおりです。

```
int n = 0;
scanf("%d", &n);
if(!(n < 0) && n % 2 == 1) {
    printf("odd\n");
}
if(!(n < 0) && n % 2 == 0) {
    printf("even\n");
}
```

これでは，まだ繰り返しの構造がないため，1 回実行したら終わってしまいます。ループ構造の一つである while 文を使って，繰り返し処理したいコードをブロックで囲みます。

```
int n = 0;
while(1) {
    scanf("%d", &n);
    if(!(n < 0) && n % 2 == 1) {
        printf("odd\n");
    }
    if(!(n < 0) && n % 2 == 0) {
        printf("even\n");
    }
}
```

while(1) は，繰り返しの終了条件がつねに 真なので繰り返しが終了しません（このようなループを「無限ループ」と呼びます）。

無限ループを回避するためには，ループを終了するための条件を付けます。n < 0 なら「なにも表示せず終了する」ということなので，scanf の直後に終了の条件判定とループ構造を抜ける break 文を入れてみます。

```
int n = 0;
while(1) {
    scanf("%d", &n);
    if(n < 0) {
        break;
    }
    if(n % 2 == 1) {
        printf("odd\n");
    } else { /* (n % 2 == 0) */
        printf("even\n");
    }
}
```

1.10 ループ

これで，ひととおり，プログラムは完成しました。ただし，このコードは以下の二つの欠点があります。

- ループの終了条件がわかりにくい。break を探してロジックを確認する必要がある
- ループ1回繰り返すごとに，更新される状態がわかりにくい

まず，一つ目の欠点を解消するため，ループの終了判定を while の条件式で行うように書き直してみましょう。scanf 文の位置を前に移動させ，初めに −1 を入力したらループに入らないようにします。

```
int n = 0;
scanf("%d", &n);
while(n > 0) {
    if(n % 2 == 1) {
        printf("odd\n");
    }
    else { /* (n % 2 == 0) */
        printf("even\n");
    }
}
```

しかし，残念ながら，この書直しは無限ループになります。なぜなら，ループ内で変数 n の値が更新されないためです。このように，while 文を使うと簡単に無限ループのバグを混入させてしまいます。

for 文は，状態の初期化，終了判定，ループごとの状態更新を三組にして書くことができる構文です。無限ループを避けるという点で，while 文よりもはるかに安全なループ構造です。今回の場合は，for 文を使うと，以下のとおりに書き直すことができます。

```
int n = 0;
for(scanf("%d", &n); n > 0;   scanf("%d", &n)) {
    if(n % 2 == 1) {
        printf("even");
    }
    else { /* (n % 2 == 0) */
        printf("odd");
    }
}
```

これが難易度★★の答えになります。

今回は，最初のループ構造の解説でしたので，while 文を使ってみました。初学者は，while 文は簡単だから while を好んで使う傾向にあります。しかし，while 文は本当に頻繁に無限ループを発生させ，もっと面倒な状況に陥っています。本書で学んでいる皆さんは，必ず for 文に習熟して，ループ構造は必ず for 文で書いてください。while 文はむしろ使用禁止

です。

1.11 ループと再帰

階乗の計算は，プログラミング入門の定番中の定番です。ループ構造と再帰構造のどちらでも書き換えられるようにしましょう。

> **問題 1.11:** n を整数とする。$n!$ (n の階乗，factorial) を計算する関数 fact(n) をつぎの方法でそれぞれ定義せよ。
> (1) ループ構造を用いる
> (2) 再帰関数を用いる

【例】 関数 $\text{fact}(5) = 120$

解　説

まずは，ループ構造を用いた場合の fact(n) から定義していきます。$n!$ は

$$n! = n \times (n-1) \times ... \times 2 \times 1$$

なので，乗算を $(n-1)$ 回繰り返すことで求められます。

まずは，$n!$ の数式のとおり，n から順番に $n-1, n-2, ..., 2, 1$ と繰り返します。ローカル変数 result を用意し，計算の途中結果を順次更新するようにします。

```
int fact(int n) {
   int result = n;
   for(; n > 1; n--) {
      result = result * (n - 1);
   }
   return result;
}
```

引数 n は，関数内ではローカル変数として扱えます。ただし，引数 n の値を代入して更新してしまうと，あとからデバッガのスタックトレース (問題 4.13 参照) が使いにくくなります。つまり，あまりお行儀のよいコードではありません。

さて，お行儀のよいループに書き換えながら，ループの極意を伝授しましょう。

(1) n 回繰り返すという「ループの基本パターン」を使います (開始を i = 0 にして，終了条件を未満 i < n に統一するというのが重要です)。

```
for(int i = 0; i < n; i++) {
```

```
        /* ... */
    }
```

注意：本書では，遠慮なく C99 の記法を使うので，ローカル変数 i は for 文の初期化時に宣言します。変数 i のスコープは，for 文のブロック内のみ有効になります。

(2) ループの基本パターンに合わせて，ループ内部のコードを書きます。

```
int fact(int n) {
    int result = 1;
    for(int i = 0; i < n; i++) {
        result = result * (i + 1);    //ここにパターンを合わせる
    }
    return result;
}
```

ループを書くのを苦手とする人は多くいます。その原因は，ループは C 言語の構文に従えば，自由に書いてよいと思っているからです。ループ側は，決まったパターンに固定して，内部の処理をパターンに合わせて変形するのが，読みやすく間違いにくい書き方です。

ちなみに，本書のループは，問題 1.10 のパターンか，n 回繰り返す基本パターンで書いてあります。この 2 パターンだけで，困ることなくプログラミングできるわけです。

再 帰 版

ループ構造は，停止条件が決定的であれば，再帰構造（再帰関数）に書き換えられます。

つづいて，再帰版の fact(n) を書いてみます。再帰関数は，自分自身を呼び出す関数のことですが，こちらも初学者が苦手とするところです。

再帰関数を書くためには，再帰構造の発見が必要となります。小さなほうからいくつか例を書き出してみることで，再帰構造を発見することができます。

$$\left.\begin{aligned}
fact(1) &= 1 \\
fact(2) &= 2 \times 1 \\
fact(3) &= 3 \times 2 \times 1 \\
fact(4) &= 4 \times 3 \times 2 \times 1 \\
fact(5) &= ...
\end{aligned}\right\} \tag{1.1}$$

ここで，右辺の式を関数 fact(x) で置き換えられると気づきませんか？

$$\left.\begin{aligned}fact(1) &= 1\\ fact(2) &= 2 \times fact(1)\\ fact(3) &= 3 \times fact(2)\\ fact(4) &= 4 \times fact(3)\\ fact(5) &= ...\end{aligned}\right\} \quad (1.2)$$

これを変数 n を使って抽象化すると，つぎのようになります．

$$\left.\begin{aligned}fact(1) &= 1\\ fact(n) &= n \times fact(n-1) \quad (n>1)\end{aligned}\right\} \quad (1.3)$$

再帰関数は，この抽象化された定義をそのまま C 言語として書き下したものとなります．ループ構造に比べると，少し読みやすい気がしませんか（気のせいでしょうか）？

```
int fact(int n) {
   if(n == 1) {
      return 1;
   }
   return n * fact(n-1);
}
```

再帰は，初学者にとっては新しい概念で理解しにくいかもしれません．ループ構造の多くは，再帰構造に置き換えることができるので，多少，無理してでも再帰関数で書く練習をしましょう．

（コラム） C99 とコーディングスタイル

本書のコード例は，C99 標準に合わせ，新しいコーディングスタイルで書かれています．例えば，変数宣言は，C++や Java では一般的になっている for 文内でのローカル宣言を採用しています．

```
for(int i = 0; i < N; i++) {
   ...
}
```

これ以外にも，関数の先頭にまとめてローカル変数を宣言するより，ローカル変数を利用するときに宣言するスタイルをとっています．

理由は，C 特有の変なクセを学ぶより，多くのプログラミング言語で標準的なコーディングスタイルを身に付けてもらいたいと考えているからです．実際，学校で C 言語を学んだ学生は，将来，C 言語以外のプログラミング言語を使うことになります．ほとんど，職業 C プログラマになりません．

だから，本書のコード例は，古いコンパイラではそのままでは動かないことがあります。Cプログラミングを勉強するとき，古いコンパイラを使う必要性はなにもないので，C99準拠の新しいコンパイラを使うことを強くおすすめします。特に，Clang はエラーメッセージが親切であり，潜在的なバグ検出も優れており非常にオススメです。

1.12 デバッグ

プログラムがいきなり期待どおりに動作することはまれです。ほとんどの場合，プログラムにはなにかしらバグが存在し，「デバッグ（debugging）」が必要となります。

> **問題 1.12:** つぎは，「10 から 0 までカウントダウンを表示する」コードである。
> ```
> #include<stdio.h>
> int main() {
> unsigned int c = 0;
> for(c = 10; c >= 0; c--);
> printf("%d ", c);
> return 0;
> }
> ```
> 残念ながら，バグがあって正しく動作しない。バグを発見し修正せよ。

【ヒント】 初心者のコードにありがちですが，インデント（字下げ）が整っていません。まず，ソースコードを読みやすく字下げを直してから，落ち着いて見直してみましょう。

解　　説

早速，与えられた問題コードを入力して，実行してみましょう。たぶん，実行してもなにも表示されず，しかも停止すらしないでしょう。このような状況に陥ったら，**Ctrl+C**[†] を押すことで強制終了できます。

デバッグは，プログラムが期待どおりに動作しないとき，その原因を探すところから始めます。ただし，バグを探すのは難しく，ある程度の経験を積む必要があります。自分では気づかないことも多いので，他人にコードレビューしてもらうことも大切です。

問題のコードは，まずインデントされていません。インデントは，制御構造の対応関係をはっきりさせるために必須のコーディング技術です。原則，ブロック {} 内では，インデントを一段下げるようにしましょう。また，if 文，for 文もすべてブロックに直しましょう。

```
#include<stdio.h>
```

[†] Control キーを押しながら C を押す。

```
int main() {
   unsigned int c = 0;
   for(c = 10; c >= 0; c--){
   printf("%d ", c);
   return 0;
}
```

すると，for 文のあとは空で，実は printf はループされていないことに気づくと思います。ブロックを使っていれば，空文であることが一目瞭然となります。

プログラミングは，文法的に正しいかどうかより，間違いにくく読みやすいコードを書くことが大切です。必ず，正しくインデントするようにしましょう。

```
#include<stdio.h>
int main() {
   unsigned int c = 0;
   for(c = 10; c >= 0; --c) {
      printf("%d ", c);
   }
   return 0;
}
```

もう一度，保存して再コンパイルしてみましょう。今度は，数字の表示が延々と繰り返されるはずです。つまり，ループは実行されているけど，ループの終了条件がうまく処理されていないことを意味します。

実は，まだ典型的なバグが残っています。変数 c は，unsinged が付いているため，符号なし整数になります。ということは，いくらデクリメントしても，つねに c>=0 が成り立つため，ループは止まりません。

修正方法は，いくつか考えられます。簡単な方法は unsigned を外すことです。それができないのなら c > 0 に直して，0 の表示だけループの外で行うこともできます。

コンパイラと警告

優れた C コンパイラは，バグの原因になりそうなコードに対して**警告**（warning）を出します。問題で与えられたソースコードも，Clang を使ってコンパイルすると，つぎのように警告を出します。

```
source.c:4:15: warning: comparison of unsigned expression >= 0
   is always true
```

もし警告メッセージを無視していなければ，今回のようなバグは事前に発見できました。

初学者のころは，とにかく構文エラーが多く，どうしても構文エラーの除去に意識が集中しがちです。エラーを取り除いたら，プログラム完成と勘違いしている人もいます。コンパ

イルが通ったときから，本当のデバックが始まります。

警告は，潜在的にバグになりやすい箇所の貴重なヒントが含まれています。警告メッセージも無視することなく，つねに修正するようにしてください。

1.13 アサーション

アサーション（assertion）は，バグの早期発見と原因追跡に威力を発揮するツールです。アサーションの利用を習慣化し，原因不明のバグに悩まされないようになってください。

問題 1.13: つぎの関数 fact(n) は，$n > 0$ のとき再帰的に $n!$ を計算する関数である。

```
int fact(int n) {
   if(n == 1) {
      return 1;
   }
   return n * fact (n-1);
}
```

(1) fact(0) を実行すると，どのような結果になると予想されるか？
(2) そのような結果を避けるため，プログラマはどうすべきか？

解　説

関数は，一見正しいように見えても，引数などの値によっては正しく動かないことがあります。問題の fact(0) はそのような例です。

変数 n が 1 以上を前提としてプログラミングされているため，fact(0) の場合は停止条件から外れ，n の値は，$-1, -2, -3, \ldots$ と減少しつづけます。原理的には，-2147483648 からアンダーフローし，最終的には $n = 0$ で止まります。現実は，そうなる前に関数コールに必要な コールスタック を使い切り， スタックオーバーフロー でクラッシュ（異常終了）します。

これを避けるには，どうすればよいのでしょうか？ ありがちな対策は，停止条件を変更し，とりあえず 1 を返すように直すことです。これで，スタックオーバーフローは避けられます。

```
int fact(int n) {
   if(n <= 1) {
      return 1;
   }
```

```
    return n * fact (n-1);
}
```

しかし，fact(0) や fact(-1) のとき，1 となるのは階乗の関数として正しいのでしょうか？ むしろ間違っているのは，fact(-1) みたいな関数呼び出し側ではないでしょうか？

関数やプログラムの動作が仕様的に未定義な場合はよくあります。そのようなとき，エラーをつぶしてなんらかの未定義な結果を返すとプログラム全体のバグが発見しにくくなります。

近年，契約的プログラミングの影響もあり，プログラム（関数）の正しい動作に関して，事前条件／事後条件などを表明（assertion）し，仕様を明確化するようにしています。

C 言語では，表明する道具として，標準ライブラリ assert.h において，assert() が用意されています。関数を定義したとき，「$n > 0$ を正しい動作である」と前提にしているのなら，事前条件を表明しておきます。

```
int fact(int n) {
    assert(n > 0);   // 事前条件
    if(n == 1) {
        return 1;
    }
    return n * fact (n-1);
}
```

このようにアサーションが入っていると，呼び出し側が間違って fact(-1) を呼び出してしまうと，Assertion failed のメッセージとともに異常終了するようになります。

    Assertion failed: (n > 0), function fact, file code/assert.c, line 4.
    Abort trap: 6

残念ながらコンパイラがエラーとして検出できるわけでありません。だから，実行しないとバグは見つけられませんが，バグの早期発見と原因特定につながる有効なプログラミング手段です。

また，アサーションはグループ開発のときだけでなく，自分自身でどういう前提でコーディングしているのか明確化するときも有効です。ちょっとプログラムの規模が大きくなると，変数の使い方に一貫性を保つのが難しくなり，うっかり正しくない値を代入してしまうことはよくあります。ただ，どういう箇所にアサーションを入れたらよいのか最初はわからないでしょう。次章以降の演習も参考にしながら，ぜひアサーションの入れ方を学んでください。

1.14 ま と め

本章で学んだことをまとめておきます。

- プログラミングしやすい環境を整えるのもプログラミング能力の一つ
- 関数 printf() の書式はデータ型ごとに異なる。注意すること
- 変数宣言は初期化を忘れないこと。忘れると，動いたり動かなかったりのバグの原因になる
- 関数名や変数名は，英語ベースで名づけること。コードに国境はない
- なにか動作が変なときは，関数 printf() を挿入して，変数の値が想定どうりになっているか確認すること。デバックのヒントが得られる
- 制御構造は，必ずブロック { ... } とインデントを用いる
- while 文は使わない。その代わり，for 文を使うようにする
- 警告メッセージ (warning) は無視せず，ちゃんと対応する (書き直す)
- アサーション (assert()) は，こまめに入れること。バグの早期発見と原因解析に役立つ

2 ウォーミングアップ

C Programming

プログラミングの上達を目指すコツは，よりよいコードを書こうと工夫することです。よいコードとは，つぎのようなコードです。

- 読みやすい・理解しやすい——自分だけでなく，第三者が読んでも読みやすい。読みにくいコードを書いていると，教員や友人に質問してもまともな回答すら得られません
- コンパクト——（読みやすさを損なわない範囲で）行数は短く，抽象化されていたほうがよい
- 性能がよい——（読みやすさを損なわない範囲で）無駄な処理を省き，実行性能を追求したほうがよい

今回は，配列も使わないで解ける入門的な問題を集めてみました。毎回，もう少し工夫はできないだろうかと考えながら，練習してみましょう。

2.1 最大公約数

最大公約数を求める手順は，「ユークリッドの互除法」と呼ばれ，世界最古のアルゴリズム (algorithm) といわれています。アルゴリズム自体は，プログラミング言語が発明される以前から存在し，自然言語で手順が書かれてきました。ここでは手順書に従って，プログラミングする練習をしてみましょう。

問題 2.1: 任意の自然数 u, v ($u > v$) を考える。u, v の最大公約数は，つぎの手順で求められる。

手順1) u を v で割った商を q，余りを r とする

手順2) $r = 0$ なら，v を結果として終了する

手順3) そうでなければ，r を新たに v として，元の v を新たに u として，【手順1】から繰り返す

この手順を参考に，最大公約数を計算する関数 gcd(u, v) を定義せよ。

【難度 Up! (★★)】 再帰関数で定義することができたら

解　　説

素直に手順に従って，C 言語に翻訳していきましょう．

まず，関数 gcd(u,v) の引数の型を決めます．自然数は，すべて int 型で型付けすることにします．関数 gcd(u,v) は，つぎのように引数と戻り値の型になります．

```
int gcd(int u, int v)
```

つづいて，関数本体をプログラミングしていきます．

手順 1) u を v を割った商を q，余りを r とする

変数 q, r のために，ローカル変数を新しく宣言します．

```
int q = u / v;
int r = u % v;
```

手順 2) $r = 0$ なら，v を結果として終了する

「終了する」というのは，関数定義においては，計算結果を return 文で返すことになります．

```
if(r == 0) {
    return v;
}
```

手順 3) そうでなければ，r を新たに v として，元の v を新たに u として，手順 1) から繰り返す

変数の代入する順番に気を付けましょう．先に v = r を書いてしまうと，変数 u と変数 v の値が同じになってしまいます．

```
u = v;
v = r;
```

「繰り返す」の部分は，ループ構造が必要となります．先頭に for(;;) をもっていき，ブロックで囲みます．一見，無限ループに見えますが，ループを繰り返すうちに r == 0 となるため，必ず return 文でループを抜けることができます．

```
int gcd(int u, int v)
{
    assert(u > v);
    for(;;) {
        int q = u / v;
        int r = u % v;
        if(r == 0) {
            return v;
```

```
        }
        u = v;
        v = r;
    }
}
```

最大公約数を求める関数定義としては，これでひととおり完成です．大学のプログラミング課題では，多くの学生はこのようなコードをそのまま提出してきます．しかし，提出する前にまだまだやるべきことが残っています．

リファクタリング

リファクタリング（refactoring）とは，本来，プログラムの動作を変えることなく，コードの保守性を上げるために行う作業です．どんな達人プログラマでも，最初に書き下したコードは読みにくく整頓されていません．そこで，こまめにリファクタリングしながら，コーディングしています．

先ほどの gcd(u,v) 定義のリファクタリングを考えてみましょう．まず，手順書には登場するけど，明らかに使っていない変数 q を消します．つづいて，ループ構造を整頓します．

今回は，★★を得るため，再帰関数に書き換えることで for 文を取り除きます．ポイントは再帰呼び出しの引数で，u =v; v = r; と代入するのと同じように与えている点です．

```
int gcd(int u, int v)
{
    assert(u > v);
    int r = u % v;
    if(r == 0) {
        return v;
    }
    return gcd(v, r);
}
```

for 文版と再帰版を比べると，再帰呼び出しは，単にループの先頭に戻るジャンプにすぎないと気づきませんか？ このような再帰を 末尾再帰 といいます．

また，if 文を条件演算子に書き換えると，ワンライナー（1行コーディング）の定義になります（おまけで，u % v を2回計算しないように，再帰の終了条件を1ステップ進めています）．

```
int gcd(int u, int v)
{
    // return (u % v == 0) ? v : gcd(v, u % v)
    return (v == 0) ? u : gcd(v, u % v)
}
```

リファクタリングは，読みやすさ向上とコードの整頓を目標とした作業です．ときには，コードを短くしすぎて読みにくくなってしまうかもしれませんが，そういう場合は元のコードをコメントで残しておきましょう．

これから，プログラミングの規模が大きくなっていきます．リファクタリングをしながら，プログラミングを進めると，大きなコードも見通しよくプログラミングできるようになります．

2.2 再 利 用

プログラミングの基本戦略は，再利用です．一度定義した関数は，どんどん利用していきましょう．

★★

問題 2.2: 任意の自然数 $x, y, z\ (x > y > z)$ を考える．x, y, z の最大公約数を求める関数を定義せよ．

解　　説

問題 2.1 と同じく，ユークリッド互除法で解くことができます．しかし，手順を 3 変数に拡張して考えるのはたいへんです．つぎの関係が成り立つことに着目し，問題 2.1 で定義した関数を再利用しましょう．

$$gcd(x, y, z) = gcd(gcd(x, y), z)$$

注意する点は，C 言語は関数の 多重定義 ができない点です．簡単にいうと，同じ名前の関数を 2 回定義できません．そこで，引数の数を関数名に付けて別名にします．

```
int gcd3(int x, int y, int w, int z) {
    return gcd(gcd(x,y), z);
}
```

今回は，先に gcd(u,v) が定義してあったので，それを再利用しました．gcd3(x,y,z) を定義するために，部品として gcd(u,v) を定義するケースもあります．このような場合は，複雑な問題を「分割して解く」パターン（問題 2.10）です．どちらかといえば後者のほうが難しいですが，どちらも自由自在になることを目指して練習しましょう．

2.3 インクルードファイル

演習を本格的に進める前に，楽する小技を身に付けておきましょう．

問題 2.3: よく使うライブラリや関数をまとめてインクルードできるようにせよ． ★★

【ヒント】 ヘッダファイルをつくる

解　　説

　C言語を学習していくと，関数やマクロなど，あとから再利用したくなる小道具がそろっていきます．それらを，例えば`mymagic.h`のような名前で保存し，ヘッダファイルとします．そこに，いつも使うライブラリのインクルードも含めておくと便利です．

```
#include<stdio.h>
#include<stdlib.h>
#include<limits.h>
#include<ctype.h>
#include<stdbool.h>
#include<stdint.h>
#include<float.h>
#include<math.h>
#include<string.h>
#include<assert.h>
#include<time.h>
#include<sys/time.h>

#define MAX(x, y)   (x) > (y) ? (x) : (y)
#define MIN(x, y)   (x) < (y) ? (x) : (y)

#define P(x) \
    fprintf(stderr, "(%s:%d) %s = (long)%ld (double)%f (addr)%p\n", \
    __FILE__, __LINE__, #x, (long)(x), (double)(x), (void*)((intptr_t)x));

static double gettime()
{
    struct timeval tv = {0};
    gettimeofday(&tv, NULL);
    return (uint64_t)tv.tv_sec * 1000.0 + tv.tv_usec / 1000.0;
}
```

こうしておけば，プログラムの先頭で最初にmymagic.hを一度だけインクルードすると，すべてまとめて利用可能になります．

```
#include"mymagic.h"
int main(int argc, const char **argv)
{
   P(argc);
   return 0;
}
```

サンプルのmymagic.hの便利な定義をいくつか紹介しておきます．

マクロPは，printfデバッグの代わりににオススメです．printf("argc=%d", argc);の代わりに表示したい変数を引数で渡すと：

(file.c:15) argc = (long)1 (double)1.000000 (addr)0x1

変数名を展開し，その整数値，浮動小数点値，ポインタのアドレスを一度に表示してくれます（ファイル名と行番号も追加してくれます）．printfデバッグすると，正規のプログラム出力の中にデバック出力が混ざって，あとからデバック主力を探して取り除くのに苦労します．マクロ化しておけば，少ない入力文字数でデバックして，まとめてさっと取り除くことができます．

gettime()は経過時刻を1ミリ秒単位で取り出してくれる関数です．つぎのように使えば，プログラムの処理時間を計測することができます．

```
double s = gettime();
/* 計測したい処理 */
double e = gettime();
printf("Elapsed time %f[ms] \n", e - s);
```

関数定義をヘッダファイルに入れるときは，static修飾子を付けるように注意してください．こうすると，関数定義はローカル利用に限定されるため，未使用の関数はコード生成から除外されます．実行ファイルが無駄に肥大化することが避けられます．

あとは，演習を進めながら，自分のmymagic.hを育てていってください．

2.4 精度と誤差

浮動小数点数による数値計算は，型強制や丸め誤差など，いろいろな落とし穴があります．正しく理解しないと，期待どおりの計算精度が得られません．

問題 2.4

問題 2.4: ネイピア数（自然対数の底 e）は，テイラー展開によるとつぎのように定義される。

$$e = 1 + \frac{1}{1!} + \frac{1}{2!} + \dots + \frac{1}{n!} + \dots$$

C 言語の浮動小数点数を用いて，可能なかぎり正確な e を計算せよ。

【例】 2.718281828459045235 まで計算可能

解説

自然対数の底 e は，数学の重要な定数の一つで，いわゆる超越数です。

$$e = 2.71828182845904523536028747135266249775724709369995 9749...$$

テイラー展開によると，原理的には，$\frac{1}{n!}$ を無限に足し合わせていけば理論値に近づいていきます。しかし，コンピュータ上の浮動小数点数は精度に限界があるため，無限に繰り返しても意味がありません。どこまで繰り返すべきかが隠れたポイントです。

階乗の計算は，問題 1.11 で定義した関数 fact(n) を使ってみます。公式のとおり，繰り返しながら加算してネイピア数を求めてみます。

```c
int main() {
    double e = 1.0;
    for(int i = 1; i < 100; i++) {
        e +=   (1 / fact(i));
        printf("%d\t%.40f\n", i, e);
    }
    return 0;
}
```

注意：e += (1 / fact(i)) は，e = e + (1 / fact(i)) の 糖衣構文 (syntax sugar) です。

実行結果は，期待に反して，何回ループを回しても 2.000000 が表示されつづけてしまうでしょう。理由はわかりますか？

原因は，(1 / fact(i)) において，整数と整数で除算した結果 fact(2) > 1 なので，つねに切り捨てられて 0 になるからです。これを避けるためには，どちらか一つ浮動小数点数に変換する必要があります。すると，整数と浮動小数点数の演算になり，演算結果は 型強制 により暗示的に浮動小数点数に変換されます。

関数 fact(i) の結果を double 型に明示的に変換するためには，型変換のためのキャスト演算子 (double) を前に挿入します。

2.4 精度と誤差

```
        e +=  (1 / (double)fact(i));
```

もしくは，整数リテラル 1 の代わりに，浮動小数点数リテラル 1.0 を使うことも可能です。

```
        e +=  (1.0 / fact(i));
```

もちろん，両方とも変換しておくのが確実かつ安全です。

```
        e +=  (1.0 / (double)fact(i));
```

これで，e が正しく計算され，少しずつ精度が上がっていくのが確認できるはずです。しかし，$n = 13$ 辺りで，2.71828182880375290864（$> e$）と計算値はネイピア数を超えてしまいます。

なにが原因でしょうか？ double 型の精度を疑って，long double 型を使っても結果は変わりません。実は，問題は浮動小数点数の精度とは別のところに限界があるからです。

つぎは，2^n で表せる最大の階乗を表した対応表です。

$$
\begin{aligned}
5! &= 120 & &< 2^8 & &< 6! \\
8! &= 40320 & &< 2^{16} & &< 9! \\
12! &= 479001600 & &< 2^{32} & &< 13! \\
20! &= 2432902008176640000 & &< 2^{64} & &< 21!
\end{aligned}
$$

関数 fact(n) は int 型で実装されていたので，たかだか 12! 辺りで正しく計算できなくなっていたわけです。定義した関数を再利用するのは正しい戦略ですが，用途によっては計算精度やスケールが合わない場合もあります。

$n!$ を先に計算するのではなく，$\dfrac{1}{n} \times \dfrac{1}{(n-1)} \times ... \times \dfrac{1}{1}$ のようにあらかじめ，分数を先に計算し，あとから掛け合わせることにします。型は，せっかくだから精度のよさそうな long double を試してみます。

```
long double fact_inv(int n) {
    return n == 1 ? 1.0L : (1.0L / n) * fact_inv(n-1);
}
```

浮動小数点数は，加算する順序も気を付ける必要があります。なぜなら，「浮動小数点数の加算は $1.0 + 1.0 \times 10^{-38} = 1.0$ のように極端に差があるときは，大きいほうに近似されてしまう」ためです。ここでは，$\dfrac{1}{n!} + \dfrac{1}{(n-1)!} + ... + \dfrac{1}{1!} + 1$ のように，数値に差の少ないほうから計算したほうがよい精度のよい結果が期待できます。

```
long double e(int n) {
    long double result = ifact(n);
    for(int i = n-1; i > 0; i--) {
        result += ifact(i);
```

```
        }
        return result + 1.0L;
}
```

この方法で求められた e は，($n=20$ のとき，)2.718281828459045235 でした．皆さんは，どこまで正確に計算できましたか？

今回の問題では「可能なかぎり正確に」という問題でしたので，long double 型を使ってみました．しかし，通常の科学計算やシミュレーションの場合は，double 型で工学的にも理学的にも十分な正確さが得られます．それよりは，計算機の 丸め誤差 や 端数処理 を正しく理解し，計算精度の低いコードを書かないように気を付けてください．

2.5 2の補数表現

ビット演算子は，あまり使う機会はないかもしれません．しかし，練習しなくて苦手化するのはももったいないものです．

★★★

問題 2.5: 32 ビット符号付き整数 x を 2 進表記する関数 printbits(x) を定義せよ．なお，x が負の数の場合は，2 の補数で表現すること．

【例】 $x=2236962$ の場合，00000000 00100010 00100010 00100010
【例】 $x=-1$ の場合，11111111 11111111 11111111 11111111

解　説

まず，すぐに思い付くアプローチは，2 で割りながら 2 で割ったときの余りを表示していく方法です．しかし，負の数の場合，2の補数表現 の表示が一筋縄でいきそうもありません．というわけで，別のアプローチを考える必要があります．

着目するのは，そもそも 2 の補数表現は，コンピュータ内部における符号付き整数表現だという点です．内部表現をビット列として操作すれば，ビットの"1"，"0"を先頭から表示するだけですみます．

ビット操作では，ビット列のあるビットが 1 になっていることを「ビットが立っている」と呼び，**ビット演算子**と**ビットマスク**（bit mask）という手法を使って探します．

ビットマスクは，1 ビットだけ立った整数をビットマスクとして用意します．そして，論理積（&）を掛け合わせることで，ビットマスクと同じ位置にビットが立っているか判定します．

x		00100010 00100010		00100010 00100010
$mask$	&	00000000 00000001	&	00000000 00000010
x		00000000 00000000		00000000 00000010

ビットマスクの技法は，論理和（|）を用いてビットマスクの位置にビットを立てたり，逆に，ビットマスクの補数（~mask）を使ってビットを消したりすることもできます．

x		00100010 00100010		00100010 00100010
$mask$	|	00000000 00000001	&	11111111 11111101
x		00100010 00100011		00100010 00100000

今回は，ビットマスクを mask = 1 << (31-n) のように1ビットずつ左にシフトさせながら，(x & mask) == mask のとき，整数 x の n ($n \geq 0$) ビット目が立っていると判定します．

```
for(int n= 0; n < 32; n++) {
    mask = 1 << (31-n);
    if((x & mask) == mask) {
        printf("%d", !!((x & mask) == mask));
    }
}
```

注意：!!((x & mask) == mask) の!!は，論理値を必ず0か1の値にする小技です．

2.6 モンテカルロ法

円周率を正確に求めることは，有史以来，人類が挑戦してきた問題でした．中世以前の数学者たちには申し訳ないのですが，コンピュータを使えば，難しいことを考えるまでもなく，あっけなく記録更新できます．モンテカルロ法は，そのような妙を体験できるアルゴリズムです．

> **問題 2.6:** つぎの手順で，円周率を求めることを考える．
> **手順1)** 0.0 から 1.0 の範囲で乱数 x, y を生成する
> **手順2)** $(0,0)$ を中心とする半径1の円に (x, y) が含まれるか判定する
> **手順3)** N 回繰り返したとき，円内に含まれる点の数の比率から円周率を求める
> この手順に従って，施行回数 N を 10, 100, 1000, 10000, ... と増やしたときの求められた円周率を表示せよ．

【ヒント】 乱数生成は，標準ライブラリ（stdlib.h）の rand() を用いる

解説

まず，プログラミングを始める前に，モンテカルロ法による円周率を求める原理を確認しておきましょう．

乱数は，一様に発生すると仮定します．したがって，乱数によって生成された点 (x, y) は，$(0, 0) - (1, 1)$ 平面に一様に分布します．

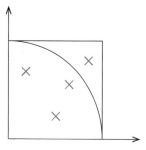

図 2.1 二分探索と線形探索のハイブリッド

このような点を N 個プロットしたとき，(0.0) を中心とする円の中に含まれる点の数を C とします．すると，C と N の比率は，円 (4 分の 1) と正方形の面積比になります (図 2.1)．

$$C : N = (\pi/4) : 1$$

この問題の楽しいところは，このようなお手軽な方法で果たしてどのくらいの精度で円周率が求められるかみてみるところです．

手順 1) 乱数生成は，標準ライブラリ (stdlib.h) の関数 rand() を用います．関数 rand() は，0 から RAND_MAX までの整数を生成するため，まず double 型に変換し，つづいて 0.0〜1.0 の範囲にスケールダウンします

```
double x = ((double) rand()) / RAND_MAX;
double y = ((double) rand()) / RAND_MAX;
```

手順 2) 点 (x, y) は，$\sqrt{x^2 + y^2} < 1$ のとき，円の内側となります．両辺を 2 乗しても不等式が成り立つので，敢えて関数 sqrt(x) を使わなくてよいでしょう．円の内側の点の数は，変数 count で数えることにします

```
if( x * x + y * y < 1.0 ) {
    count++;
}
```

手順 3) 手順 1) と手順 2) を for 文を用いて n 回繰り返します．あとは，変数 count と n の比から円周率を求めます．除算する前に，double 型に変換するのを忘れてはいけません

つぎの関数定義 monte(n) は，試行回数 n で円周率を求める関数です．実際に，試行回数を増やしながら円周率を求めてみましょう．

```
void monte(int n) {
   int count = 0;
   for(int i = 0; i < n; i++) {
      double x = ((double) rand()) / RAND_MAX;
      double y = ((double) rand()) / RAND_MAX;
      if( x * x + y * y < 1.0) {
         count++;
      }
   }
   double pi = ((double)count) / n * 4.0;
   printf("N=%d, pi=%f\n", n, pi);
}
```

モンテカルロ法は，簡単な方法で円周率が求めることができますが，$N = 10^{10}$ のように大きくしても 3.141583.. 辺りと，それほど精度はよくありません。Webで検索すれば，円周率を求める方法がいくつも見つかるでしょう。ぜひ，より高い精度の円周率を計算するプログラムづくりに挑戦してみてください。

2.7 数当てゲーム

ゲームづくりは，昔もいまもプログラミングを勉強する主要な動機です。簡単なゲームをつくってみて，面白いゲームをつくるコツを学んでみましょう。

★★

問題 2.7: 数当てゲームを，つぎの仕様書に基づき，難度を調整しやすいように作成せよ。

手順1) コンピュータは，0から100までの整数で乱数 r を生成する。ユーザは数値 x を入力し，コンピュータが生成した乱数を当てる（乱数はユーザから見えないようにする）

手順2) もし $r = x$ ならコンピュータは `Bingo!!` と表示して，ユーザの勝ちで終了。もし $r > x$ なら `Too small`，もし $r < x$ なら `Too big` と表示して，コンピュータはヒントを与える。ユーザは，10回まで挑戦することができる。10回を超えたら，`You lose!!` と表示して，コンピュータの勝ちで終了する

【ヒント】 記号定数 を使ってパラメータ化する

解　説

数当てゲームは，典型的なミニゲームの一種です。

ゲームプログラミングの難しいところは，仕様書のとおりにつくっても，難しすぎたり，簡

単すぎたりして，面白くない可能性がある点です．実際に遊んでみて何度もパラメータ調整が必要になります．

ポイントは，乱数の上限値 100 やユーザの挑戦回数 10 を調整可能なパラメータとして，あらかじめ 記号定数 で定義しておくことです．

```
#define R    100
#define N    (10)
```

このように定義しておけば，マクロ展開と同じ原理で，R や N と記号で書けば 100 や (10) に展開されます．

プログラム自体は，記号定数を使う以外は特に新しいことはないはずです．一つだけ注意するところは，毎回，異なる乱数が生成されるように，プログラムの実行時刻 time(NULL) で srand() を初期化している点です．

```
include "mymagic.h"
int main() {
   srand(time(NULL));   //乱数の初期
   int r = rand() % (R + 1);
   for(int i = 0; i < N; i++) {
      int x = 0;
      printf("Guess my number [0-%d]?", R);
      scanf("%d", &x);
      if(r == x) {
         printf("Bingo!!\n");
         return 0;
      }
      if(r < x) {
         printf("Too big.\n");
      }
      else { /* (r > x) */
         printf("Too small.\n");
      }
   }/*for*/
   printf("You lose.\n");
   return 0;
}
```

さて，実際に仕様書どおりにつくってみたらゲームはまったく面白くありません．問題 2.8 でも見るとおり，0〜100 の間に解があるのなら，二分法と同じ要領で探索範囲を狭めていけば，10 回も挑戦することなく必ず正解します．ゲームを面白くするのは，勝てるか勝てないか自明でないようにし，しかもプレイ時間が長すぎないようにすることです．

今回のように，記号定数でコード自体をパラメータ化しておけば，コード本体を修正する

ことなく，#define だけ修正†するだけで難度を調整できます。

```
#define R    20
#define N     3
```

このように記号定数を用いて，コード全体をパラメータ化するのは，なにもゲームプログラミングの専売特許ではありません。むしろ，すべてのプログラミングで普遍的に利用すべきテクニックです。ソースコードの修正忘れを防いで，コードの一貫性を保つために活用していきましょう。

2.8 立 方 根

昔，方程式の解の公式を覚えた経験があると思います。プログラミング言語なら，まったく別のアプローチで解を求めることができます。

★★★

問題 2.8: n の立方根（cubic root, $\sqrt[3]{n}$）を求めよ。

【ヒント】 $f(x) = x^3 - n = 0$ となる x を探す探索問題． 二分法 を用いる

解　　説

ヒントのとおり，3次方程式の解 x を求める問題として解きます。

$$f(x) = x^3 - n = 0$$

ただし，解析的に解を導くのではなく，探索問題，つまり $f(x) = 0$ となる x を探す問題として解いていきます。

まず，関数 $f(x)$ を定義しておきます。n もパラメータなので，2引数になります。

```
double f(double x, double n) {
    return x * x * x - n;
}
```

ナイーブな方法は，解 x は $0 \leq x < n$ の間にあるとわかっているので，$x = 0.0$ の場合から始め，$f(x) = 0$ になるまで，小さな差分 delta 分だけ x += delta しながら，x を探す方法です。

```
    double x = 0.0;
    for(x = 0.0; x < n; x += delta) {
```

---

† 条件コンパイル を使うことで，ソースコードの変更なしに，コンパイラのオプションからパラメータ調整する方法もあります。

```
        if(f(x, n) == 0.0) {
            return x;   // 発見
        }
    }
```

注意したいのは，浮動小数点数 (double 型の値) はぴったりの等号が成り立ちにくい点です。そこで，絶対値 fabs をとり，計算機イプシロン (DBL_DPSILON，計算機の精度的にほぼ 0.0 とみなしてよい数値) より小さければ，等しいとみなします。

```
    fabs(f(x, n) - 0.0) <= DBL_EPSILON
```

つぎは，見事に力技のコードです。

```
    double x = 0.0;
    for(x = 0.0; x < n; x += DBL_EPSILON) {
        if(fabs(f(x, n)) <= DBL_EPSILON) {
            return x;   //
        }
    }
```

原理的には，$x^3 - n = 0$ の解が発見されるはずです。ところが，もう一つ落とし穴があります。1.0/DBL_EPSILON は，4503599627370496 になります。つまり 0.0 から 1.0 の間の解を探すため，4000 兆回以上ループを回すことになります。いくら，コンピュータの性能が向上しているといっても，現実的なプログラムとはいえません。

中間値の定理を使いながら，探索範囲を狭めていきましょう。

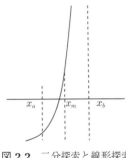

図 2.2 二分探索と線形探索のハイブリッド

中間値の定理とは，$f(x) = 0$ となる x 解は，$x_a < x < x_b$ にあるとき，ここで，x_a, x_b の中間値 x_m:

$$x_m = \frac{x_a + x_b}{2}$$

に対して，$f(x_a)$ と $f(x_m)$ が同じ符号なら $x_m < x < x_b$，$f(x_b)$ と $f(x_m)$ が同じ符号なら $x_a < x < x_m$ が成り立ちます (図 2.2)。

二分法 (bisection method) は，中間値の定理に基づく探索法です。重要な点は，1 回，中間値を計算するたびに，探索すべき範囲が半分になる点です。先ほどの 0.0 から 1.0 の範囲で解を探す場合なら，$4503599627370496 < 2^{53}$ なので，たかだか 53 回程度の探索ですみます。この程度の繰り返しなら，問題なく再帰でも解くことができます。

```
double qbrt(double n, double x0, double x1) {
   double m = (x0 + x1) / 2;
   if(fabs(f(m, n)) <= DBL_EPSILON) {
      return m;
   }
   if(f(x0,n) * f(m,n) < 0.0) {
      return qbrt(n, x0, m);
   }
   return qbrt(n, m, x1);
}
```

方程式の求解アルゴリズムとしては，Newton–Raphson法 など，より収束効率が優れたものが存在します．ぜひ，そちらも実装してみて，両者の収束効率を比較してみてください．

2.9 ゴール指向で考える

条件分岐（if 文）は，便利な制御構造です．いったん，使いこなせるようになると，プログラミングの自由度が格段に高くなります．しかし，if 文を無計画に使うと，読みやすさを損ない，条件漏れも発生しやすくなります．つぎの上達のステップは「if 文は無計画に使わない」です．

問題 2.9: つぎのような繰り返し動作をするプログラムを作成せよ．

(1) ユーザから三つの整数 (a, b, c) の入力を受け取る

(2) 整数 a, b, c を大きい順に並べて出力する

★★

【例】 12, 6, 18 の場合：18 12 6

【例】 7, 17, 7 の場合：17 7 7

【難度 Up! (★★★)】 if 文を使わない

解　　説

今回は，if 文のごちゃごちゃ感を体験してもらう問題です．いわゆる「整列」の問題ですが，たかだか三つの数字の並び換えに「整列アルゴリズム」を使うのもためらわれます．しかし，なんとなく，条件分岐を書き始めてみると：

```
   if(a > b) {
      if(b > c) {
         printf("%d %d %d\n", a, b, c);
      }
      else {
```

```
            printf("%d %d %d\n", a, c, b);
        }
    }
...
```

例えば, a == b のときの条件が抜けてしまったりなど，間違いやすいです．学生の提出コードを見ると，なにがなんだかわからないカオスな仕上りになっていたりします．

if 文は，無計画に無秩序に書いてはいけません．条件漏れがないように検証しやすく書きましょう．一つの方法として， ゴール指向 のアプローチを紹介します．

ゴール指向とは，達成すべきゴールを先に考えて，そのゴールを達成する前提条件を記述する方法です．ここでは，先に a, b, c の大小関係の組合せを考えるのではなく，つぎのようにまずゴールを考え

```
    printf("%d %d %d\n", a, b, c);
```

そのゴールを達成するための a, b, c が満たすべき条件を考えます．

```
    if(a >= b && b >= c) {
        printf("%d %d %d\n", a, b, c);
    }
```

この順番で書くと，条件漏れもなく，確実に組合せを列挙できます．ただし，このままでは，例えば $a = b = c$ のときは，何度も表示されるので，一度表示したら，return で抜けるなどの工夫は必要です．

さて，難度★★★のため，if 文を使用せず，三つの数字を大きい順に並べることも考えてみましょう．

基本戦略は，a, b, c から，一番大きい数値と一番小さい数値を探すことです．そして，残った数字が真ん中に表示されるようにします．

```
void sort(int a, int b, int c) {
    int max3 = max(a,max(b,c));
    int min3 = min(a,min(b,c));
    int mid3 = (a + b + c) - (max3 + min3);
    printf("%d %d %d\n", max3, mid3, min3);
}
```

関数 max(a,b) や関数 min(a,b) の定義では，条件分岐を使うかもしれませんが，それでも if 文がコードに現れないと見通しがよくなります．

このように，if 文は極力使わないように意識して，プログラムのロジックを見直せば，コードの読みやすさが大幅に上がります．

分 岐 予 測

現代の CPU は，命令パイプライン 機構によって，高速な命令実行を実現しています。これは，命令の実行を多段のステージに分割し，全ステージの実行が終わる前につぎの命令を順次実行していくアーキテクチャです。通常は，10〜20 段のパイプラインからあります。

if 文は，その処理が完了するまでつぎに実行すべき命令が決まらないため，命令パイプラインを止める困り者です。通常，if 文が入ると，10〜20 命令分，余分な実行コストがかかります。「人間にとって読みにくいコードはコンピュータからも実行しにくい」というのは興味深い一致です。

そこであきらめないのが，世の中のプログラマです。なんとか，分岐処理を消そうと頑張り，例えば関数 max(a,b) はつぎのように書き換えたりします。

```
int max(int a, int b)
{
   int t = (a - b) >> 31;
   return (a & ~t) | (b & t);
}
```

まさに，性能を重視するあまり，読みやすさを無視してしまった感があります。ときには，こういうコーディングも必要ですが，本書は，入門書としてそこまで頑張ることを求めていません。あくまでコードの読みやすさを重視して素直にコード[†]を書いてください。

さらに，最近の CPU はさらに技術革新が進み，分岐命令のロスを少なくするため，最近は分岐予測という機構をもたせています。これは，分岐キャッシュ などを用いてどちらに分岐するか予想してパイプラインを止めずに投機実行する機構です。分岐予測が当たればロスなしで実行できるので，効果は絶大です。というわけで，分岐予測が効きそうな条件分岐は，素直にコードを書いたほうがよいことはたくさんあります。

2.10 科 学 的 手 法

「検討しようとする難問をよりよく理解するために，多数の小部分に分割すること」とは，Descartes (1596–1650) の言葉です。これは，今日に至るまで変わらぬ科学的手法 (scienctific method) の大原則になっています。

★★★

問題 2.10: 32 ビット符号なしの整数 x を n 進数表記する関数を定義せよ。

```
void print_digits(unsigned int x, int n);
```

[†] 条件演算子 a > b ? a : b なら，分岐命令なしでコンパイルされます。

なお，n の範囲は $(2 \leqq n \leqq 36)$ として，10 より大きい場合は，16 進数の場合と同じく，数字として，順次，アルファベット A, B, C, ..., Z を用いること。

【例】 $x = 51966$, $n = 2$ の場合，1100101011111110
【例】 $x = 51966$, $n = 16$ の場合，CAFE
【例】 $x = 51966$, $n = 36$ の場合，143I

解　説

問題の複雑さが増しプログラムの規模が大きくなると，簡単にはプログラミングするのが難しくなっていきます。科学的手法の定石どおり，問題を分割し，部分からプログラミングし，最後に組み立てます（問題 2.2 の再利用の逆パターンです）。

今回は，つぎのように小問題にプログラムを分割してみます。

小問題 (1) 　 $0 \leqq x < n$ のとき，n 進数表記に変換する

小問題 (2) 　 x から各桁ごとの数値（$< n$）を取り出す

まず，小問題 (1) の「$0 \leqq x < n$ のとき，n 進数表記に変換する」を解きます。

switch/case を習うと，最初につぎのようなコードが頭をよぎってしまうかもしれません。

```
switch(x) {
    case 0: printf("0"); break;
    case 1: printf("1"); break;
    case 2: printf("2"); break;
    ...
    case 35: printf("Z"); break;
}
```

もちろん，if/else if 文で 36 通りの分岐を書くよりはかなりマシですが，あまりスマートな方法ではありません。

まず，$x < 10$ ならば「書式%d を用いてそのまま表示する」アプローチはよいでしょう。一方，$x > 10$ の場合は，いったん，ASCII 文字コード[†] を使い，'A' + (x - 10) のように変換すれば，文字として書式%c で表示することができます。

プログラミングで重要なのは，小問題を解いたら，つぎのとおり関数として定義しておくことです。

```
void print_digit(int x) {
    if(x < 10) {
        printf("%d", x);
```

[†] アルファベット (A, B, ..., Z) は，規則的に (65, 66, ..., 90) と ASCII 文字コードが割り当てられています。ASCII 文字コードについては，問題 3.6 でもより詳しく練習します。また，次章で演習する配列を用いて，文字コードの変換表をつくるのもよい方法です。

```
        } else {
            printf("%c", 'A' + (x - 10));
        }
    }
```

つぎは，小問題 (**2**) の「x から各桁ごとの数値（$< n$）を取り出す」を解きます。まだ難しく感じるようでしたら，さらに小さな問題に場合分けしてみてください。

- x が 1 桁数の場合：x のまま（$x\%n = x$）
- x が 2 桁数の場合：x/n と $x\%n$ で分割
- x が 3 桁数の場合：$(x/n)/n$, $(x/n)\%n$, $x\%n$ で分割
- ...

なるほど，ループ構造か再帰構造を生かして分割できることが見えると思います。もちろん，再帰構造のほうが簡単です。$x \geq n$ のとき x/n で再帰呼び出しするだけですから

```
void print_digits(unsigned int x, int n) {
    assert(n < 37);
    if(x >= n) {
        print_digits(x/n, n);
    }
    print_digit(x % n);
}
```

複雑なプログラムは，問題をどんどん分割して，解けるところからどんどん解いていきます。もし手も足も出ないという問題に出会ったら，まず大哲学者 Descartes を思い出し，なんで哲学者が関係するのかと疑問に思ったら，「そうそう，解ける問題に分割して解くんだ」と科学的手法の大原則を思い出してください。

2.11 採用試験

この問題は，有名 IT 企業 G 社の採用面接で出題された課題の一つです。採用面接は，プログラミング力のアピールも必要ですから，ちょっとエレガントに解いてみましょう。

★★★

問題 2.11: 任意の正の整数 x に対し，数字の並びを反転した値を返す関数 g(x) を定義せよ。

【例】 g(123) = 321, g(98765) = 56789, g(90) = 9

解　　説

採用面接で出題されて，ホワイトボードの前で解く気分で考えてみましょう．

たぶん最初に思い付くのは，（まだ本書で演習していませんが）数値を文字列に変換し，反転させる方法でしょう．文字列への変換関数 snprintf(...) を，さらにその逆変換にも関数 strtol(...) を使えば難しくありません．

```
int g(int x) {
    char buf[80];
    snprintf(buf, 80, "%d", x);
    int i, len = strlen(buf);
    for(i = 0; i < len/2; i++) {
        swap(buf+i, buf + (len - (i + 1)));
    }
    return (int)strtol(buf, NULL, 10);
}
```

さて，採用試験としてこれはよい答えなのか悩ましいところです．確実に動くコードを書くという姿勢は評価されるでしょう．文字列に変換するところにセンスのなさを感じる人もいるでしょう．

この問題は，毎年，学生に宿題として出題してきました．まったく手もつかない学生が多い中，ループ構造を素直に使った綺麗な解答もありました．

```
int g (int x) {
    int inv = 0;
    for(; x != 0; x /= 10) {
        inv = inv * 10 + x % 10;
    }
    return inv;
}
```

一見しても，正しいのかどうか判別しにくいですが，正しく動作します．手元に開発環境があれば，何回か試行錯誤しながらプログラミングすればこのような解答に至るのも不思議ではありません．しかし，ホワイトボードの前ですらすらと書けるか微妙です．もたもたしたら，なにもプログラムできない人に見えてしまいそうです．

格好つけて，再帰で解いてみようと考えたらどうなるのでしょう（そもそも，再帰で解けるのでしょうか）？

再帰構造 $P(N)$ とは，一般化すると，$P(1)$ の解が与えられており，$P(N)$ の解が $P(N-1)$ の解を用いて表現できる構造です．

今回の問題では，そのまま引数 x に着目しても再帰構造は見えてきません．しかし，引数の x の桁数を N とみると，再帰構造が発見できます（ループによる解答例も参考にしてください．繰り返しで更新される部分と N は同じになります）．

- $N = 1$（つまり x が 1 桁）のとき，そのまま： $g(x) = x$
- $N > 1$ のとき，下 1 桁の値を先頭にもっていき，上位の桁をひっくり返した値と連結する： $g(x) = (x \% 10) \oplus g(x/10)$

ここで，謎の演算子（$\oplus$）が登場してしまいました。もちろん，C 言語にはない架空の演算子です。C 言語で実装するなら，例えば $g(1234)$ を考えると，$4 \oplus g(123)$ は $4000 + g(123)$ になります。それなら，関数 log10() と関数 pow() を組み合わせてつくれます。

```
#define scale(n) (int)(pow(10, (int)log10(n)))
int g(int n) {
   if(n < 10) {
      return n;
   }
   return (n % 10) * scale(n) + g(n/10);
}
```

採用試験としては，どれが正解なのでしょうか？著者が面接員なら（再帰好きなので）再帰の解を高く評価します。しかし，再帰関数を嫌う分野・業種もあります。すべての場合で，再帰がよいとはかぎりません。採用試験が終わった学生から「なにが答えだったんでしょうか？」とよく質問されますが，コードよりも考え方を見ている気がします。コードにも哲学をもってください，といえば大げさでしょうか？

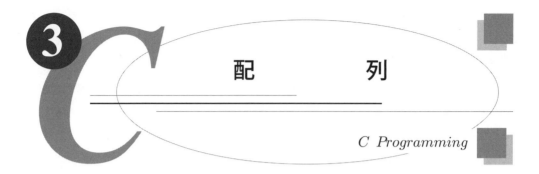

3 配列

C Programming

本章から，データの集まりを規則的に扱うことが可能になる配列（array）を練習します。配列を使いこなすことができれば，かなり本格的なプログラミングが自由自在にできるようになります。

一方，配列は初めてC言語の危険な一面が登場する機能でもあります。配列は，ガードレール（安全装置）のない山道を駆け下りるようなものです。境界をアウトしてしまえば，崖から落ちるか，歩行者を跳ねてしまいます。事故を防ぎたいのなら，自分で境界を越えないように用心するしかありません。

ポインタに進む前に，配列を徹底的に練習して使いこなせるようにしましょう。

3.1 循環する数列

配列は，変数の添字記法 $a_1, a_2, ..., a_i$ に由来したものです。ただし，C言語の配列独特のルールがありますので，まずはそれを覚えましょう。

問題 3.1: つぎの数列から数字を循環的に表示するプログラムを考える。循環とは，$1, 1, 2, ..$ と表示しながら，最後の13のつぎは先頭に戻り，1となることである。

$$1\ 1\ 2\ 3\ 5\ 8\ 13$$

いま，この数列を配列に格納し，$n\ (\geqq 0)$ 個の数字を循環的に表示するプログラムを作成せよ。

【例】 $n = 3$ の場合：1 1 2

【例】 $n = 8$ の場合：1 1 2 3 5 8 13 1

【例】 $n = 20$ の場合：1 1 2 3 5 8 13 1 1 2 3 5 8 13 1 1 2 3 5 8

【難度 Up! (★★★)】 2重ループを使わない

解　説

数列は，7個の数値からなるので，要素数 7 の配列を宣言します。

```
int a[7] = {1, 1, 2, 3, 5, 8, 13};
```

配列の要素は，C 言語の任意のデータ型を選ぶことができます。ここでは，要素は整数なので，int 型の配列として宣言しています。配列の初期値は，{1, 1, 2, 3, 5, 8, 13} のように与えます。

配列も変数と同じく宣言したとき，必ず初期化してください。配列宣言の要素数と初期化の要素数が一致しないときは，未指定の初期値は 0 となります。例えば，つぎはすべての要素が 0 で初期化されます。

```
int a[7] = {0};
```

配列は，数学の $a_1, a_2, ..., a_i$ に相当する記法ですが，最も大きな違いは「添字が 0 から始まる」ところです。添字のことをインデックス（index）と呼ぶこともあります。

```
a[0], a[1], a[2], a[3], a[4], a[5], a[6]
```

配列 a の要素数は 7 個ですが，添字は 0 から始まるので，a[7] は利用できません。配列の要素数（境界）を超えて，参照しないでください。困難なバグの原因になります。

配列は，変数と同じく，値を参照したり，代入することができます。

```
a[0] = a[0] + 1;    // a0 = a0 + 1 と同じ
```

変数の代わりに配列を使う利点は，要素添字に変数（や式）が与えられることです。ループ構造と相性がよく，変数を用いながら配列の各要素を扱うことができます。

```
for(int i = 0; i < 7; i++) {
   assert(i < 7);
   printf("%d ", a[i]);
}
```

配列の添字を式で与えるときは，うっかり要素数を超えるのを防ぐため，assert(i < N) のようにアサーションを使いましょう。配列の注意事項は，以上となります。

では，問題文に戻り，ユーザの入力に対して 数列を循環的に n 回表示していきましょう。まず，$n < 7$ のときは，表示した回数が n に達したら，break すればよさそうです。

```
for(int i = 0; i < 7; i++) {
   if(n == i) {
      break;
   }
   assert(i < 7);
   printf("%d ", a[i]);
}
```

ただし，これでは $n > 7$ のとき対応できません。

外側にもう一つループを置いてみます。

```
for(int j = 0; j < (n / 7) + 1 ; j++) {
    for(int i = 0; i < 7; i++) {
        if(n == 7 * j + i) {
            break;
        }
        assert(i < 7);
        printf("%d ", a[i]);
    }
}
```

さらっと，2重ループを書いていますが，慣れないうちは期待どおりの回数を表示をするのは至難の技といえるでしょう。外側のループと内側のループの変数名が変数 i，j と違うことに注意してください。

初学者は，ループを2重，3重と深くしていき，最終的に意味がわからなくなって破綻してしまうことがよくあります。そのような破綻を避けるには，ループをシンプルに考えることです。

まず，ループの基本パターンに従って，n 回だけ繰り返すようにします。

```
for(int i = 0; i < n; i++) {
    X = ..
    assert(X < 7);
    printf("%d ", a[X]);
}
```

X のところには，要素数7を超えず，かつ循環に参照できるような式を考えます。

ナイーブな方法は，もう一つ変数を別に用意して，配列の添字のカウントを別にすることです。

```
for(int i = 0, c = 0; i < n; i++, c++) {
    if(c == 7) {
        c = 0;
    }
    assert(c < 7);
    printf("%d ", a[c]);
}
```

新しいカウンタを増やすのは，一つの定石です。カウンタのインクリメントは忘れやすいので，上のように for 文に書き足すことができます。

ある程度慣れてくると，別の方法も浮かびます。ひょっとしたら，変数 i から整数余算（mod）をとるだけなのでは？と気づけばしめたものです。

```
    for(int i = 0; i < n; i++) {
        printf("%d ", a[i % 7]);
    }
```

最初の2重ループの解答と比べてみてください。このように，シンプルに書く道があるのが，プログラミングの面白いところです。

3.2 統 計 関 数

当然，配列を使ったコードも関数として抽象化することができます。C言語で，配列を関数の引数として渡すときは，不思議なクセに気を付けなければなりません。

> **問題 3.2:** 等しい大きさの double 型の配列 x，y がある。配列 x，y を引数でとり，相関係数を計算する関数 corr を定義せよ。
>
> なお，相関係数 r とは，$\bar{x}, \bar{y}$ を相加平均としたとき，以下のとおり定義される。
>
> $$r = \frac{\displaystyle\sum_{i=0}^{n}(x_i - \bar{x})(y_i - \bar{y})}{\sqrt{\displaystyle\sum_{i=0}^{n}(x_i - \bar{x})^2 \sum_{i=0}^{n}(y_i - \bar{y})^2}}$$

解 説

もし関数化を考えないのなら，相関係数の計算は以下のとおり簡単でしょう。

```
double x[100] = {..};
double y[100] = {..};
double xmean = 0.0, ymean = 0.0;
for(int i = 0; i < 100; i++) {
    xmean += x[i];
    ymean += y[i];
}
xmean /= 100;
ymean /= 100;
double rxy = 0.0, rx2 = 0.0, ry2 = 0.0;
for(int i = 0; i < 100; i++) {
    rxy += (x[i] - xmean) * (y[i] - ymean);
    rx2 += (x[i] - xmean) * (x[i] - xmean);
    ry2 += (y[i] - ymean) * (y[i] - ymean);
}
double r = rxy / sqrt(rx2 * ry2);
```

問題は，配列をどのように関数のパラメータに渡すか，という点です．素直に関数定義にしてみると，（よく初学者が間違って書いてしまうとおり，）つぎのように書いてしまいがちです．

```
double corr(double x[100], double y[100]) {
    double xmean = 0.0, ymean = 0.0;
    ... 中略() ...
    return rxy / sqrt(rx2 * ry2);
}
```

C言語の嫌なところは，このような変な関数定義でも，問題なくコンパイルが通ってしまう点です．どこが間違っているのでしょうか？ 実は，配列は関数の引数で渡すと，要素数は無視[†]されます．つまり，上のように要素100個ある配列を引数に宣言しても，要素数100個は保証されません．だから，要素数が100個あると勘違いして関数内をコーディングするとたいへんなことになります．

関数の引数で配列を渡すときは，要素数が不明な配列として書きます．こうすれば，要素数100として間違ったコードを書く失敗はなくなります．

```
double corr(double x[], double y[]) {
    ...
}
```

配列の要素数は，別の手段を使って伝える必要があります．一般に，2種類の戦略があります．

戦略(1) 引数を増やして要素数を明示的に与える

戦略(2) 番兵 (sentinel, 特殊な要素) を終端に入れて要素数を計算可能にする

ここでは，**戦略(1)** を採用し，引数を増やして要素数を明示的に与える方法でいきます．引数 size は，配列の大きさを表します．

```
double mean(double x[], int size) {
    double mean;
    for(int i = 0; i < size; i++) {
        mean += x[i];
    }
    return mean / size;
}

double corr(double x[], double y[], int size) {
    double xmean = mean(x, size);
    double ymean = mean(y, size);
    double rxy = 0.0, rx2 = 0.0, ry2 = 0.0;
```

[†] 関数定義の目的は，コード再利用性の向上なので，要素数が100に固定されるより，任意の大きさの配列を扱えるほうが利に適っています．

```
    for(int i = 0; i < size; i++) {
        rxy = +(x[i] - xmean) * (y[i] - ymean);
        rx2 = +(x[i] - xmean) * (x[i] - xmean);
        ry2 = +(y[i] - ymean) * (y[i] - ymean);
    }
    double r = rxy / sqrt(rx2 * ry2);
}
```

戦略 (2) の番兵（sentinel）は，要素の終端をチェックしながらループを回す必要があるので，少々煩雑になります．番兵は，文字列の終端記号で使われますので，文字列処理（問題 4.4）で練習してみてください．

3.3 バブルソート

整列（ソート）は，アルゴリズムの定番課題です．ここでは配列の操作に慣れるため，簡単なソートを書いてみましょう．

> **問題 3.3:** つぎのとおり，数字が 10 個並んだ配列 a[10] がある．
>
> 9 1 3 7 0 5 4 2 8 6
>
> いま，隣り合う要素同士（a[i]，a[i+1]）を比較し，もし a[i] > a[i+1] なら a[i] と a[i+1] の要素を入れ替えることで
>
> 0 1 2 3 4 5 6 7 8 9
>
> のように小さい値から大きな値に並び替えることを考える．
> ユーザが m, n ($0 \leq m < n < 10$) を与えたとき，m 番目から n 番目までの要素だけ並び替えて，出力するプログラムを作成せよ．

【例】 $m = 0, n = 9$ のとき：0 1 2 3 4 5 6 7 8 9

【例】 $m = 2, n = 7$ のとき：9 1 0 2 3 4 5 7 8 6

解　　説

この問題は，バブルソートと呼ばれる定番の整列アルゴリズムを用いています．原理は，シンプルそのものといえます．ただ，すべての隣り合った配列の要素を比較して，大小が逆の場合を入れ替えていきます．

3. 配　　　　列

```
    if(a[i] > a[i+1]) {
        int temp = a[i];
        a[i] = a[i+1];
        a[i+1] = temp;
        assert(a[i] <= a[i+1]);
    }
```

ちなみに，値を入れ替える操作を**スワップ**（swap）と呼びます．スワップ操作は，一時的な変数 temp を用意することで，相互に代入し合って値を入れ替えています．スワップはよく使うので，関数化しておくとよいでしょう．

```
static void swap(int a[], int i, int j) {
    int temp = a[i];
    a[i] = a[j];
    a[j] = temp;
}
```

あとは，この隣り同士の比較とスワップをすべての要素の順番が整列するまで適用するだけです．つぎのように，sort 関数を定義し，指定された範囲 (m, n) 内の要素に適用してみます．

```
void sort(int a[], int m, int n) {
    for(int i = m; i < (n-2); i++) {
        assert((i + 1) <= n);   // 境界チェック
        if(a[i] > a[i+1]) {
            swap(a, i, i+1);
        }
    }
}
```

ただし，この sort(a,m,n) を 1 回だけ適用しても，整列は完了しません（どうしてなのか考えるより，試しに実行して表示してみると一目瞭然です）．

```
*9 1 3 7 0 5 4 2 8 6
 1 *9 3 7 0 5 4 2 8 6
 1 3 *9 7 0 5 4 2 8 6
 1 3 7 *9 0 5 4 2 8 6
 1 3 7 0 *9 5 4 2 8 6
 1 3 7 0 5 *9 4 2 8 6
 1 3 7 0 5 4 *9 2 8 6
 1 3 7 0 5 4 2 *9 8 6
 1 3 7 0 5 4 2 8 *9 6
 1 3 7 0 5 4 2 8 6 *9
```

図 3.1　バブルソート

sort(a,m,n) を 1 回呼び出すと，(m, n) 内で*マークで示した最大値（例では*9）が最も右側に移動します．このように，泡（bubble）のように浮き上がっていく様子が，バブルソートの名前の由来です（図 3.1）．

1 回ループを回しても，*マークの左側はまだ未整列のままです．したがって，未整列な配列 $(m, n - 1)$ に対して，sort(a,m,n-1) を再帰的に繰り返す必要があります．

バブルソートは，愛嬌のあるネーミングとは裏腹に，あまり効率のよいアルゴリズムではありません。なぜなら，N 個の配列に対して 2 重ループで処理しています。だから，配列の大きさが 2 倍になれば，4 倍の処理時間が必要となります。問題 7.3 では，より効率のよい整列アルゴリズムを学びます。

3.4 順　　　　列

ちょっとひとひねりな問題です。落ち着いて，再帰構造を探してみてください。

★★★

問題 3.4: 整列ずみの重複しない値の格納された整数配列がある。この順列をすべて表示するプログラムを書け。

【例】 $\{1,2,3,4\}$ の場合： （1 2 3 4）（1 2 4 3）（1 3 2 4）（1 3 4 2）（1 4 3 2）（1 4 2 3）（2 1 3 4）（2 1 4 3）（2 3 1 4）（2 3 4 1）（2 4 3 1）（2 4 1 3）（3 2 1 4）（3 2 4 1）（3 1 2 4）（3 1 4 2）（3 4 1 2）（3 4 2 1）（4 2 3 1）（4 2 1 3）（4 3 2 1）（4 3 1 2）（4 1 3 2）（4 1 2 3）

【難度 Up!（★★★★）】 順列の出力する順番も整列する

解　　説

どこから手をつけるべきか悩んだら，小さな問題を紙などに書き出しながら考えてみます。まず，試しに配列の要素が二つの場合を考えると，順列は要素のスワップで得られます。

　　1 2
　　2 1　　// 1 と 2 をスワップ

つぎに，一つ増やして要素数を三つにしてみます。まず，先頭の要素となる候補は 3 通りになります。これも先頭の要素と他の要素を順番にスワップすることで得られます（スワップする前の状態は，つねに同じ並び（1 2 3）からスワップすると抜け落ちしにくくなります）。

　　1 2 3
　　2 1 3　　// 1 と 2 をスワップ
　　3 2 1　　// 1 と 3 をスワップ

つづいて，先頭以外の要素の組み合わせを考えていきます。今度は，先頭の要素を固定して考えてみます。先頭が 1 の場合を考えると，残りの配列要素は二つになり，要素数 2 の配列の場合と同じ要領で順列が得られます。

　　1　2 3

1　3　2

再帰的構造が見えてきましたね．あとは，説明するよりコードのほうがわかりやすいので：

```
void perm(int a[], int head, int len) {
   if(head + 1 == len) {
      p(a, len);     // 配列の表示
      return;
   }
   perm(a, len, head+1);
   for(int i = loc + 1; i < head; i++) {
      swap(a, head, i);
      perm(a, head+1, len);
      swap(a, head, i);
   }
}
```

ポイントをまとめると，つぎのとおりです．

- 先頭の位置（head）に入る候補を順番に選び，残りの要素は先頭の位置を一つ進めたのち再帰する
- 先頭の位置（head）の位置が配列の終わりに達したら，配列を表示しておしまい
- 同じ状態から選択できるように，もう1回スワップして状態を戻している
- 難度★★★★は，再帰する前に部分配列をソートすればよいのでは？

3.5　サ　イ　コ　ロ

バブルソートや順列では，問題文で配列を使うことが明示されていました．実際のプログラミングでは，配列をどこでどう使うか自分で決めることになります．

★★

問題 3.5: 関数 dice() は，標準 C ライブラリの関数 rand() を使った関数である．サイコロを模しており，ランダムに 1～6 の数値を返すようになっている．

```
int dice() {
   return rand() % 6 + 1;
}
```

dice() を 60 回実行したときのそれぞれの値の出現回数を表示せよ．

【難度 Up! (★★★)】　サイコロ関数の出目の偏りを減らす　乱数　線形合同法

解　　説

標準 C ライブラリの関数 rand() は，リファレンスマニュアルにも bad random number generator と記載され，乱数としては取扱い注意です．身近なサイコロに置き換えて，どの程度，偏っているのか調査してみましょう．

ここまで解き進めてきた人には簡単でしょう．サイコロの出目が 1 のとき，その出現回数は，変数 count1 を使えば，つぎのように数えることができます．

```
if(dice() == 1) {
    count1++;
}
```

このアイデアを単純に延長し，変数 count2, …, 変数 count6 とコードクローンすれば，サイコロの目の出現回数を数えることができます．

```
int d = dice();
int count1 = 0, count2 = 0, ..., count6 = 0;
if(d == 1) {
    count1++;
}
if(d == 2) {
    count2++;
}
...
if(d == 6) {
    count6++;
}
```

しかし，これは（不正解といいたくなるほどの）ダメなコードです．もう少し抽象化して，コードを整頓しましょう．ここで配列を使ってカウントすれば，if 文による分岐もなくなり，あとから出現回数もループ構造で処理しやすくなります．

```
int count[7] = {0};
int d = dice();
assert(d < 7);
count[d]++;
```

注意：サイコロは 1〜6 なので，count[0] は使われることはありませんが，僅かなメモリ消費をケチって count[d-1] のようにシフトするのはあまり関心できません．サイコロの目と配列の添字を一致させたほうが，読みやすく書き間違えが少ないのでよいでしょう．

乱　数　の　品　質

難易度★★★は，配列の練習というよりは，ライブラリ関数の品質評価のお話です．実際にサイコロを 60 回振ったときの各目の出現回数はつぎのとおりでした．

```
 1, 8 13.333333%   2, 16 26.666667%   3, 12 20.000000%
 4, 8 13.333333%   5, 7 11.666667%   6, 9 15.000000%
```

正直，この結果をどう解釈すべきかというのは難しいところです。乱数が一様であると期待すると，平均 10 回程度になるので，かなりばらつきがあるように見えます（ただゲームなら，この程度，ばらつきがあったほうが面白いと感じるかもしれません）。

実は，問題文の dice は若干の問題があります。rand() は，歴史的[†]には，つぎのような簡単なプログラムで擬似的に生成されてきました。

```
unsigned long next = 1;
void srand(unsigned long seed) {
   next = seed;
}
int rand(void)
{
   return ((next = next * 1103515245 + 12345) % ((unsigned
       long)RAND_MAX + 1));
}
```

下位桁の一様性はまったく考慮されていないので，単純に余算（mod）をとるよりも，いったん，0.0〜1.0 のスケールに変換したほうがよい乱数になります。

```
int dice() {
    return ((double)rand() / RAND_MAX) * 6 + 1;
}
```

実際，このように少し工夫するだけで，偏りがかなり減少します（ご自分で，試してみてください）。

しかしながら，C 標準ライブラリの rand() は，どんなに工夫を凝らしても限界があります。統計処理や暗号処理では使いません。統計処理では メルセンヌツイスタ (mersenne twister, MT) が使われることが多いです。暗号処理では，予想不可能な乱数を得るため，ハードウェア生成による支援を受けるケースが増えてきています。

3.6 シーザー暗号

C 言語では，文字列は char 型の配列として扱います。

問題 3.6: シーザー暗号とは，アルファベットを n 文字シフトして読めなくする古典的暗号法である。例えば，$n = 3$ のとき，$A \mapsto D, B \mapsto E, ..., Z \mapsto C$ のようにシフトし

[†] 現在は，もう少し優れた実装が使われることが多いです。

3.6 シーザー暗号　　*61*

て暗号化される。

つぎの文は，シーザー暗号によって暗号化された英文である。

　　　　NI VY, IL HIN NI VY: NBUN CM NBY KOYMNCIH.

プログラムを書いて，この暗号文を解読せよ。

【ヒント】文字は，ASCII コード で表現されている

解　　説

文字列（string）は，プログラミング言語内でのテキストの表現です。C 言語では，ASCII コードの文字を前提として設計されています。

ASCII コードとは，0 127 までの 7 ビットの整数で文字を表したコード表です。改行コードなどいくつかのコードを覚えておくと便利ですが，もちろん，すべて暗記する必要はありません。

Unix ターミナルから，つぎのように `man ascii` と入力すればコード表をみることができます。

```
$ man ascii
      0 nul    1 soh    2 stx    3 etx    4 eot    5 enq    6 ack    7 bel
      8 bs     9 ht    10 nl    11 vt    12 np    13 cr    14 so    15 si
     16 dle   17 dc1   18 dc2   19 dc3   20 dc4   21 nak   22 syn   23 etb
     24 can   25 em    26 sub   27 esc   28 fs    29 gs    30 rs    31 us
     32 sp    33  !    34  "    35  #    36  $    37  %    38  &    39  '
     40  (    41  )    42  *    43  +    44  ,    45  -    46  .    47  /
     48  0    49  1    50  2    51  3    52  4    53  5    54  6    55  7
     56  8    57  9    58  :    59  ;    60  <    61  =    62  >    63  ?
     64  @    65  A    66  B    67  C    68  D    69  E    70  F    71  G
     72  H    73  I    74  J    75  K    76  L    77  M    78  N    79  O
     80  P    81  Q    82  R    83  S    84  T    85  U    86  V    87  W
     88  X    89  Y    90  Z    91  [    92  \    93  ]    94  ^    95  _
     96  `    97  a    98  b    99  c   100  d   101  e   102  f   103  g
    104  h   105  i   106  j   107  k   108  l   109  m   110  n   111  o
    112  p   113  q   114  r   115  s   116  t   117  u   118  v   119  w
    120  x   121  y   122  z   123  {   124  |   125  }   126  ~   127 del
```

ASCII 文字コード表に従えば，英大文字 A は，コード番号 65 になります。この番号を一つシフトさせると，コード番号 66，つまり英大文字 B となります。

```
    printf("%c\n", 65);
    printf("%c\n", (65 + 1));
```

文字は，int 型を用いて表現してもいいのですが，通常は 8 ビットの char 型を使います。また，'A' のようにシングルクオートで文字を囲んだ記法は**文字リテラル**と呼び，ASCII 文字コードに変換されます。

```
char c = 'A';
printf("%c %c\n", 'A', 'A' + 1);
printf("%c %c\n", c, c + 1);
```

文字列は，0 個以上の文字が並んだ文字の特殊な配列です。ダブルクオートで囲むことで，文字列を表すリテラル記法を用います。

"ABC"

文字列の特徴は，"ABC" としたとき，3 文字ではなく，4 文字分の配列が確保される点です。最後の 1 文字は，必ず文字列の終端を表す番兵**ヌル文字**（"\0"，コード番号 0）となります。データ構造的には，つぎのような配列と同じです（ただし，まったく同じではありません。問題 4.13 も参照）。

{'A', 'B', 'C', '0'}

文字列は，文字配列 char [] として宣言された変数で扱うことができます（ポインタ型を覚えたら，const char *型を用いたほうがよいです）。文字列の各文字は，配列の要素と同じように添字で参照できます。（ただし，書き換えることはできません。）

```
char s[] = "ABC";
printf("%c %c\n", s[0], s[0]+1);
```

文字列の処理は，ループ構造を使って，番兵であるコード番号 0 になるまで 1 文字ずつ処理します。

```
char s[] = "ABC";
for(int i = 0; s[i] != 0; i++) {
    printf("%c %c\n", s[i], s[i]+1);
}
```

ループの基本パターンで書きたい場合は，strlen(s) であらかじめ，文字列の長さを計算して，文字列処理を書きます。

```
int len = strlen(s);
for(int i = 0; i < len; i++) {
    printf("%c %c\n", s[i], s[i]+1);
}
```

番兵が苦手な場合は，こちらを使ってください。

さて，シーザー暗号の解読に戻りましょう。アルファベットは 26 文字，たかだか 25 通りしかシフトできません。すべての可能性をすべて試して，英文として解読できる結果を探し

ましょう．

まず，英文字 A から Z のみ文字分，循環シフトする関数 rot(c, shift) を定義します．

```
char rot(char c, int shift) {
    if('A' <= c && c <= 'Z') {
        c = c + shift;
        if(c >= 'Z') {
            c = c - (('Z' - 'A') + 1);
        }
    }
    return c;
}
```

あとは，2重ループを用いて，0 から 25 文字分シフトさせたときの解読文を表示します．

```
char text[] = "NI VY, IL HIN NI VY: NBUN CM NBY KOYMNCIH.\n
    ";
int size = strlen(text);
for(int i = 0; i < 26; i++) {
    printf("%d >> ", i);
    for(int j = 0; j < len; j++) {
        char c = rot(text[j], i);
        printf("%c", c);
    }
    printf("\n");
}
```

さて，プログラムを動かして解読してみると，シェークスピア劇の有名なセリフが見つかるはずです．

3.7 エラトステネスのふるい

配列は，数列や文字列などの決められたデータ構造を扱うときに使うだけではありません．自分で，データの意味（解釈）を再定義して，より複雑な状態を表現するときに利用できます．

問題 3.7: 素数とは，正の約数が 1 と自分自身のみである自然数です．自然数 2～10000 までのすべての素数（prime number）を探し，表示せよ．

【ヒント】 エラトステネスのふるい を試す

解　説

「エラトステネスのふるい」とは，古代ギリシア人が発明した素数を発見するアルゴリズ

ムです。

自然数の入った「ふるい（篩，sieve）」を考えます。

$$2\ 3\ 4\ 5\ 6\ 7\ 8\ 9\ 10\ 11\ 12\ 13\ ..$$

まず，ふるいの中の一番小さな数を選びます。上記の場合は 2 です。この選んだ数が素数となります。そして，発見した素数 2 で，ふるいの残りの数を割って，割り切れる数をすべて消します。

$$2\ 3\ \cancel{4}\ 5\ \cancel{6}\ 7\ \cancel{8}\ 9\ \cancel{10}\ 11\ \cancel{12}\ 13...$$

同じく，ふるいに残った一番小さな数かつぎの素数となります。同様に，ふるいの残りの数を割って，割り切れる数をふるい落とします。

$$2\ 3\ \cancel{4}\ 5\ \cancel{6}\ 7\ \cancel{8}\ \cancel{9}\ \cancel{10}\ 11\ \cancel{12}\ 13...$$

あとは，この一連の操作を繰り返し，最後までふるいに残った数が素数となります。

「エラトステネスのふるい」をプログラミングするポイントは，ふるいを情報表現するデータ構造を考える点です。もちろん，C 言語では「ふるい型」なんてありませんので，既存のデータ型を使ってふるいをうまく表現します。

データ構造の決め方で，プログラミングの複雑さが影響を受けます。例えば，配列でふるいの中の数字をそのまま表現する場合も考えてみます。

```
int sieve[N] = {2, 3, 4, 5, 6, 7, 8, 9, 10, 11, ...};
```

もちろん，このような情報表現も間違いではありません。ただし，「ふるい落とす操作（配列から要素を取り除く操作）」がひと手間かかりそうです。

一方，エラトステネスのふるいでは，自然数 n がふるいの中に入っているかどうか判定できればよいため，0,1 の**フラグ**（flag）で表すこともできます。

```
int sieve[N] = {1, 1, 0, 0, 0, 0, 0, 0, 0, 0, ...};
```

直感的にはわかりにくいかもしれませんが，「ふるい落とす操作」も単純に代入演算で書くことができます。

```
sieve[n] == 0     // ふるいに入っている
sieve[n] == 1     // ふるいに入っていない
sieve[n] = 1      // ふるい落とす
```

注意：「1 は存在する/0 は存在しない」のほうがわかりやすいのですが，配列の初期化を楽するため，逆にしています。記号定数 IN, OUT を定義し，即値 (0,1) の代わりに，そちらを使います。

```
#define IN  0
#define OUT 1
#define N   10000
int sieve[N+1] = {OUT, OUT, IN};
```

これで，準備はおしまいです。

エラトステネスのふるいは，2重ループで書くことになります。

- 外側のループは，2, 3, ..., N と順番に素数を探していきます。
- 内側のループは，素数の倍数をふるい落とす操作になります。

一般に，一つの関数内に2重ループを書くと，変数が入り乱れて間違いやすくなります。適切に関数を切り分けて，例えば素数の倍数を「ふるい落とす操作」は，別の関数で定義するとよいでしょう。

```
static void eliminate(int prime) {
    for(int i = prime + prime; i <= N; i+=prime) {
        sieve[i] = OUT;
    }
}

int main() {
    for(int i = 2; i <= N; i++) {
        if(sieve[i] == IN) {
            eliminate(i);
            printf("%d ", i);
        }
    }
    return 0;
}
```

「関数でループをくくり出すと性能が...」と気になる人は，(気にならない人も) くくり出した関数には static 修飾子を付けておきましょう．すると，最近のコンパイラは インライン展開 の対象としてくれるので，コンパイル時に展開されて実行されるようになります．

3.8 ハノイの塔

ハノイの塔は，典型的な再帰関数の問題です．再帰構造に着目すると，驚くほどエレガントに解くことができます（がそれだけなので，手際よくビジュアル表示をつくる練習もしてみましょう）．

問題 3.8: ハノイの塔（tower of hanoi）は，3本の塔 (X, Y, Z) と，中央に穴の開いた大きさの異なる n 枚の円盤（disk）からなるパズルゲームである．つぎのようなルールで遊ぶ．

- 最初はすべての円盤が小さいものが上になるように X に積み重ねられている
- 円盤は1回に1枚ずつどこかの塔に移動させることができる
- 小さな円盤の上に大きな円盤を載せることはできない
- 最初の塔と同じ積み方で別の塔にすべて移動できたら終了

円盤数が4のときの円盤を移動させる手順を表示するプログラムをつくれ．

【難度 Up!（★★★）】 1枚ずつ円盤の動きをパラパラとアニメしてみましょうか？

解 法

ハノイの塔は，円盤をどうやって動かすべきかを考えるパズル問題です．ただ，再帰構造をうまく生かせば，動かす方法を考えなくても解けてしまうのがミソです．

円盤1から n を X から Y に移動させる方法をつぎのように分解します．

- 円盤1から $(n-1)$ を「なんらかの方法」て，Y 以外に移動する
- 円盤 n を Y に移動する
- 円盤1から $(n-1)$ を「なんらかの方法」て，Y の円盤 n の上に移動させる

ここで，「なんらかの方法」の部分は，実は再帰的構造になっていることに気づきませんか？

再帰構造は，問題 $P(n)$ を解決するために，問題 $P(n-1)$ の解を利用するように分解する点です．ハノイの塔では，$P(n)$ を「1から n 枚までの円盤を移動させる解」とすると，$P(n)$ は $P(n-1)$ と「n 枚目 だけ移動させる解」の組合せに分解できます．

```
P(n, X, Y):
    P(n-1, X, Z);
    move n from X to Y
    P(n-1, Z, Y);
```

もし，ハノイの塔のビジュアル表示にこだわらない場合は，つぎの再帰関数を move(4, 'X', 'Y', 'Z') を実行すれば手順を表示してくれます．

```
static int step = 0;
void move(int n, char from, char to, char other)
{
    if (n > 0) {
        move(n-1, from, other, to);
        printf("Step %d: move disk %d from %c to %c\n", step, n,
```

```
              from, to);
        step++;
        move(n-1, other, to, from);
    }
}
```

ポイントは，X から Y に移動するとき，X,Y 以外の塔を Z として，明示的に第4引数に与えている点です．このおかげで，塔の移動先を引数の入替えで指定できるようになっています．

さて，ハノイの塔のビジュアル表示を考えます．各塔の状態を表示するだけなので難しいというより，どちらかといえば手間のかかるプログラミングです．しかし，配列をうまく活用すれば手間も軽減できます．

まず，最初のポイントは，塔 X,Y,Z の状態を扱いやすいデータ構造で表現することです．ここでは，「X[n] == 1 なら，塔 X に n 番目の円盤がある」として，単純に配列 X, Y, Z で表すことにしましょう．

```
#define N 5
int X[N] = {0, 1, 1, 1, 1};
int Y[N] = {0, 0, 0, 0, 0};
int Z[N] = {0, 0, 0, 0, 0};
```

先ほどの move 関数を直します．移動は，状態を変化させるだけです．

```
void move(int n, int from[], int to[], int other[])
{
    if (n > 0) {
        move(n-1, from, other, to);
        from[n] = 0; to[n] = 1;
        draw();
        move(n-1, other, to, from);
    }
}
```

関数 draw() は，ビジュアル表示を行う関数です．レイアウトと表示を同時に扱うと煩雑になりますので，分離して扱うことにします．

表示用の素材となる円盤や塔のデータを文字列配列で用意しておきます．レイアウトが崩れないように空白で揃えておきます．

```
const char *items[] = {
    "   |   ",
    "   *   ",
    "  ***  ",
    " ***** ",
    "*******",
```

};
```

つぎに，レイアウト用の座標系を 2 次元配列 w[3][4] で用意し，それぞれの座標に表示すべき items 番号を置くようにします（図 3.2）。

| items[0] | items[1] | items[0] |
|----------|----------|----------|
| items[0] | items[2] | items[0] |
| items[0] | items[3] | items[0] |
| items[0] | items[4] | items[0] |

```
|      *       |
|     ***      |
|    *****     |
|   *******    |
```

図 3.2 2 次元配列とハノイの塔

これだけ用意したら，塔 X, Y, Z の状態から，2 次元配列 w[3][4] に items[] をレイアウトして，あとは 2 重ループで printf() 出力します。

ビジュアル表示は必ずしも本質的でないかもしれませんが，達成感も大きい上，手際よくコードを書く練習になります。ぜひ，ビジュアル表示にもこだわりながら，プログラミングしてみてください。

3.9 ライフゲーム

簡単なシミュレーションプログラムを通して，多次元配列の使い方を学びましょう。

★★★

問題 3.9: ライフゲーム（Conway's Game of Life）は，生命（細胞）の誕生，生存，淘汰をシュミレーションしたゲームである。

各細胞は「生存」と「死亡」の二つの状態があり，$M \times N$ の格子状に並んでいる。細胞 (i, j) の状態は，次世代に進むとき，周囲八つの細胞状態により，つぎのように決定される。

誕　生　細胞 (i, j) が死亡状態の場合，周囲に生存細胞が三つあれば，誕生する

生　存　細胞 (i, j) が生存状態の場合，周囲に生存細胞が二つか三つならば，生存する

死　滅　細胞 (i, j) が生存状態の場合，周囲に生存細胞が一つ以下，もしくは四つ以上なら死滅する

いま，細胞の状態を配列 life[N+2][M+2] で表現することにする。適切な初期状態を与えたとき，「生存」を *，「死亡」を . で表示し，各ステップごとの細胞の状態変化を表示するプログラムを作成せよ。

【例】 $M = 9, N = 5$ のときの変化
```

```
.........          .........          ....*....
.........          ...***...          ...*.*...
..*****..    →     ...***...    →     ..*...*..
.........          ...***...          ...*.*...
.........          .........          ....*....
```

【難度 Up! (★★★★)】 配列 life をローカル宣言する

解　　説

ライフゲームは，典型的なシミュレーションプログラムです．最初に初期状態のモデルを作成し，あとはステップ時間ごとに状態を変化させながら，状態を出力します．

どんなシミュレーションでも，基本的につぎのような構造をもちます（注意：getchar(); は，各ステップごとにリターンキーを入力させるための仕掛けです）．

```
int main()
{
   init();
   for(int t = 0; t <= MAXSTEP; t++) {
      dump();
      step();
      getchar();   // キー待ち
   }
   return 0;
}
```

あとは，順番に init(), dump(), step() をつくっていきます．

まず，問題文に与えられたとおり，細胞の状態は 2 次元配列 life[N + 2][M + 2] で表します．型は，int 型にして，「生存」状態を 1，「死亡」状態を 0 としますが，ALIVE, DEAD とシンボル化しておいたほうが読む人には親切でしょう．

初期状態の定義は，どんな大きさの M, N にしてもスケールするように，配列宣言の初期化ではなく，別途，初期モデルを定義する関数 init() をつくっておきます（ここは自由に変えて構いません）．

```
#define M 78
#define N 22
int life[N + 2][M + 2] = {0};

#define ALIVE 1
#define DEAD 0

void init()
```

```
{
    life[N/2-1][M/2] = ALIVE;
    life[N/2-2][M/2] = ALIVE;
    life[N/2][M/2] = ALIVE;
    life[N/2+1][M/2] = ALIVE;
    life[N/2+2][M/2] = ALIVE;
}
```

つぎは，細胞の状態を表示する dump() をつくっておきましょう．こういう関数は，先につくっておくと，デバッグにも活躍します．また，ライフゲームの表示に凝りたい場合は，問題 6.6 も参考にしてください．

```
void dump()
{
    for (int i=1; i <= N; i++) {
        for (int j=1; j <=M; j++) {
            printf( (life[i][j] == ALIVE) ? "*" : ".");
        }
        printf("\n");
    }
}
```

つづいて，シミュレーションの本体となる世代ごとの状態変化をさせる部分を書いていきます．まず，細胞 (i,j) のまわりにある生存している細胞数を数える関数 countup(i,j) を定義します．

```
int countup(int i, int j) {
    assert(ALIVE == 1);
    assert(0 < i-1 && i+1 < N+2);
    assert(0 < j-1 && j+1 < M+2);
    return life[i-1][j-1] + life[i-1][j] + life[i-1][j+1]
        + life[i][j-1]   /*+ life[i][j]*/ + life[i][j+1]
        + life[i+1][j-1] + life[i+1][j] + life[i+1][j+1];
}
```

捕捉：周囲八つ細胞の ALIVE の数を数えるわけですが，ALIVE=1 を前提として楽しています．ただし，ALIVE が 1 以外に変更されると動かなくなるので，アサーションを入れています．

あとは，状態変化のルールに従って，細胞の状態を変化させます．

```
int c = countup(i, j);
if(c >= 3 && life[i][j] == DEAD) {
    life[i][j] = ALIVE;
}
else if((c[i][j] == 2 || c[i][j] == 3) && life[i][j] ==
    DEAD) {
    life[i][j] = ALIVE;
```

```
    }
    else {
        life[i][j] = DEAD;
    }
```

ここで，注意が必要です。一見，正しそうに見えるのですが，life[i][j] の状態を変更してしまうと，countup(i, j) の結果も即座に影響を受けます。つまり，次世代と現世代の混在した状態になってしまいます。

そこで，先に現世代の countup(i, j) をすべて計算し，いったん配列に記録してから，次世代の状態を更新するようにします。計算結果を保持する配列は，ローカル変数で宣言します。

```
int c[N + 2][M + 2] = {0};
for (int i=1; i <= N; i++) {
    for (int j=1; j <=M; j++) {
        c[i][j] = countup(i,j);
    }
}
```

ここで，life[N+2][M+2] と大きめに配列を確保したことも生きてきました。外側に余白があるため，外縁かどうか判定することなく，配列の境界を超えることなく，countup(i,j) を呼び出せています。

あとは，これらのコードをまとめると，ライフゲームは動作するようになったはずです。あとは，Wikipedia の記事に興味深いパターンがいろいろ掲載されていますので，ぜひ遊んでみてください。

多次元配列

難度 ★★★★ を解くためには，2 次元配列や多次元配列の構造を正しく理解することが必要です。

C 言語では，2 次元配列や多次元配列は，内部的には 1 次元配列とまったく同じです。つぎのように変換されています。

```
int a[X][Y];        int a[X * Y];
a[i][j]             a[(i * Y) + j]
int b[X][Y][Z];     int b[X * Y * Z];
b[i][j][k];         b[i * (Y * Z) + j * Z + k]
```

C コンパイラは，配列の次元情報に基づいて，life[i][j] は a[(i * Y) + j] として変換しています。したがって，少なくとも Y は定数で与えられないと正しく変換できません。

コンパイル時に 2 次元配列の次元の大きさが確定しないときは，人間がプログラム手動で変換することになります．

```
void dump(int[] life, int m, int n) {
  for (int i=1; i <= n; i++) {
    for (int j=1; j <=m; j++) {
      printf( (life[i * (m + 2) + j] == ALIVE) ? "*" : ".")
          ;
    }
    printf("\n");
  }
}
```

各次元の大きさが定数で決まっている場合は，配列のほうに必要な次元を追加すれば，関数外で 1 次元配列として宣言された配列でも関数内では多次元配列になります．

```
void dump(int[][M+2] life) {
  for (int i=1; i <= N; i++) {
    for (int j=1; j <=M; j++) {
      printf((life[i][j] == ALIVE) ? "*" : ".");
    }
    printf("\n");
  }
}
```

なにか不思議な気もしますが，C コンパイラからすると，次元情報が与えられたから，それに基づいて変換しているだけです．与えられた次元情報が正しいかどうかは確認していないのでご注意を！

3.10　メ　モ　化

メモ化 (memoization) は，関数型プログラミング言語では一般的なテクニックです．C 言語でもうまく活用すると，再計算を減らし，実行性能を大きく改善できます．

★★★

問題 3.10: 関数 fibo(n) は，フィボナッチ数 F_n を求める再帰関数である．

```
int fibo (int n) {
  if(n == 1 || n == 2) {
    return 1;
  }
  return fibo(n-1) + fibo(n-2);
}
```

関数 fibo(n) を，再帰のまま，n が $n \leq 50$ の範囲で大きくなっても，実用的な時間で処理できるように修正せよ．

【ヒント】 途中計算を覚えておく メモ化

【難度 Up! (★★★)】 $F_{100} = 354248481179261915075$ を出してみよう

解　説

フィボナッチ数列を求める再帰関数は，n の値が大きくなると，指数関数的に時間がかかります．なぜなら，fibo(n) を求めるには，fibo(n-1) と fibo(n-2) の計算結果が必要で，n が一つ増えるごとに爆発的に計算時間が大きくなります．計算機の性能が高くなっているとはいえ，ナイーブな再帰関数では，$n = 40$ 辺りが限界です．

これを改善するためには，ループ構造（動的計画法）に変換するなど，いくつかの方法があります．しかし，本問題では，再帰の構造を残したまま，性能を向上させる方法が求められています．

再帰関数 fibo(n) の計算が遅い理由は，fibo(x) $x < n$ を何度も繰り返し計算しているためです．一度計算した結果はメモしておき，もう一度同じ計算を求められたとき，再計算することなく，メモした値を結果として返すことを考えます．

注意すべき点は，メモ化できる関数は 参照透過性 がある場合に限られることです．つまり，引数が同じでも関数の結果が異なる場合はメモ化は使えません．関数 fibo(n) は，もちろん参照透過性があり，しかも再帰関数から何度も呼び出されるので，気持ちよいほどメモ化の恩恵が受けられます．

メモを記録するデータ構造は，「fibo(n) の結果を配列 memo[n] にメモする」と決め，グローバル配列で十分です．メモずみかどうかを判定できることが必要ですが，フィボナッチ数はつねに $F_n > 0$ なので，単純に memo[n] != 0 なら，「メモずみ」と解釈することにします．また，$n = 1, 2$ のときのフィボナッチ数は，あらかじめ memo 配列の初期値として登録しておくとよいでしょう．

メモ化版 fibo 関数はつぎのとおりになります．memo 配列は，他の関数から参照できる必要はないため，static 修飾子を付けて fibo 関数内からのみ参照可能なグローバル変数にしてあります．

```
int fibo (int n) {
   static int memo[MAX+1] = {0, 1, 1, 0};
   assert(0< n && n < MAX);
   if(memo[n] != 0) {
      return memo[n];
   }
```

```
    memo[n] = fibo(n-1) + fibo(n-2);
    return memo[n];
}
```

実際に，プログラムを動かしてみれば，メモ化の効果を実感できたのではないでしょうか？ただし，フィボナッチ数 F_{47} で，$fibo(47) = -1323752223$ となり，負の数になってしまいます。この原因は，フィボナッチ数が大きくなり過ぎ，整数オーバーフローしてしまったからです。型を uint64_t 型に変更することで，C 言語の整数値で扱える最大の整数（18 446 744 073 709 551 615）まで計算できます。これで，fibo(50) なら，十分に計算できるようになったはずです。

おまけ：F_{100} への挑戦

uint64_t 型版フィボナッチ関数は，残念ながら $F_{94} = 12935301461586715 51$ までしか求められません。この辺りが，C 言語が提供する整数値の限界です。

これより大きなフィボナッチ数は，多倍長整数の表現を導入しなければ扱えません。ここで，つぎのような興味深い戦略が考えられます。どの戦略も練習問題としては，試してみる価値があります。

- char num[1000] のように，char 配列で数字を表し，素直に加算を実装する
- GNU GMP ライブラリを用いる
- 二つ以上の整数でより大きな整数を表す

これらの方法のうち，3 番目の方法は，少々，奇妙に感じるかもしれません。一般に，整数オーバーフローのとき，位上り（carry–out）の情報が失われ，単純に整数を並べただけでは，多倍長整数としての加算結果が一致しなくなるからです。しかし，欲張らずに，適切な n 桁ごとに余算（mod）をとって分割すると，簡単に大きな桁の加算ができます。

大学の演習時間では，F_{100} まで頑張って求めてもらったところ，予想外にいろいろ別解があって，シンプルだけど楽しめる問題でした。ぜひ，よい解法を見つけたら教えて下さい。

3.11　FizzBuzz 問題

FizzBuzz 問題は，コードが書けないプログラマ志願者を見分ける手法として Jeff Atwood が提唱した有名問題です。普通に書くのはそれほど難しくありませんが，さまざまな縛りをかけて，プログラミング技量を試すお遊びの題材になっています。

> **問題 3.11:** FizzBuzz は，つぎのルールで遊ぶ。1 から順番に数字を発言し，3 で割り切れる場合は `Fizz`，5 で割り切れる場合は `Buzz`，両者で割り切れる場合は `FizzBuzz` と発言する。
>
> このルールに従い，1 から N までの発言を表示するプログラムを if 文，switch 文，条件演算子（x ? y : z）を使わずに作成せよ。

【例】 $N=20$ のとき：1 2 Fizz 4 Buzz Fizz 7 8 Fizz Buzz 11 Fizz 13 14 FizzBuzz 16 17 Fizz 19 Buzz

【ヒント】 まず素直に FizzBuzz プログラムを書いて配列による抽象化を考える

【難度 Up!（★★★★）】 配列も最大一つしか定義しない

解　　説

まず，素直に FizzBuzz プログラムを書いてみましょう。

```
int main() {
    for (int i = 1; i <= N; i++) {
        if (i % 3 == 0 && i % 5 == 0) {
            printf("FizzBuzz ");
        } else if (i % 3 == 0) {
            printf("Fizz ");
        } else if (i % 5 == 0) {
            printf("Buzz ");
        } else {
            printf("%d ", i);
        }
    }
    return 0;
}
```

printf による表示がたかだか 4 パターンしかないことに注目します。そのパターンを文字列の配列を使ってデータ化します。

```
const char* format[4] = {
    "%d ", "Fizz ", "Buzz ", "FizzBuzz ",
};
```

これで，変数 i をつぎのような X にうまく変換することができれば，オリジナルと同じように表示できます。

```
assert(X < 4);
printf(format[X], i);
```

もし if 文を使ってよいのなら，変数 i から X への変換は簡単です。しかし，（お遊び問題なので）残念ながら if 文も switch 文も条件演算子も使ってはいけません。

FizzBuzz の 1〜15 の間にある周期性に着目します。1〜15 から format[0]〜format[3] への対応表だけつくれば，16 以上はそれを繰り返せばよいわけです。

```
int table[15] = {
   /*0=15*/ 3,
   /*1*/ 0, /*2*/ 0, /*3*/ 1,
   /*4*/ 0, /*5*/ 2, /*6*/ 0,
   /*7*/ 0, /*8*/ 0, /*9*/ 1,
   /*10*/ 2, /*11*/ 0, /*12*/ 1,
   /*13*/ 0, /*14*/ 0,
};
```

注意：配列は 0 から始まるので，15 は，15%15 = 0 として table[0] に定義します。（だから，15 番目の要素 table[15] は必要ありません。）

あとは，循環する数列 (問題 3.1) のテクニックを使って表示します。

```
for (int i = 1; i <= N; i++) {
   printf(format[table[i%15]], i);
}
```

条件分岐プログラムは，規則性をうまく活用することができれば，配列（データ構造）に変換し，書き直すことができます。

もう一つ星を集めたい人は，さらに頑張って配列を減らしてみてください。これにもいろいろ別解が考えられます。

素直な方法は，対応表の代わりにビットシフトを使って変換する方法です。そもそも 4 分岐だったので，2 ビットで表現できます。

```
for (int i = 1; i <= N; i++) {
   int fizz = !!(i % 3 == 0);
   int buzz = !!(i % 5 == 0);
   printf(format[(buzz << 1)+fizz], i);
}
```

これは，たまたまできたのではなく，最初からビット演算で変換しやすいように format 配列の順序を仕組んでおきました。

最後に，お遊びでトリッキーな解を一つ。次章で演習するポインタ操作を使いますが，文字列フォーマットをつぎのように空白文字を入れて連結し：

```
"%d \0\0\0Fizz \0Buzz \0FizzBuzz ";
```

あとは，先頭の位置をポインタでシフトさせます。つぎのように，for 文のブロックを書かなければ，ワンライナーになります。

```
for (int i = 1; i <= N; i++)
    printf(&"%d \0\0\0Fizz \0Buzz \0FizzBuzz "[((((!!(i % 5
        == 0)) << 1)+(!!(i % 3 == 0))) * 6], i);
```

　これをナルホドと関心するとしたら，根っからのプログラミング好きになる素質があります。ただし，日常のコーディングではこんなに意味不明に短くする必要はありません。まだまだ，驚くべき別解がありますので，ぜひゲーム感覚で友達と探してみてください。

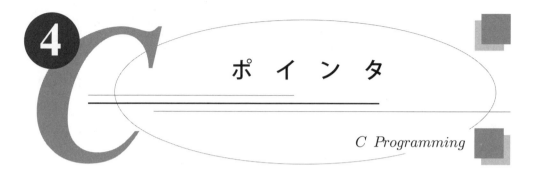

4 ポインタ

C Programming

ポインタは，（よくいえば）Cプログラミングの醍醐味，（悪くいえば）もう少し安全に使える機能にしてほしかったところです。すべてのC言語経験者がポインタの習得で苦労しています。逆に，楽勝だったという人は皆無のはずです。

なぜポインタは難しいのかといえば，「セグメンテーション違反」によるバグに苦しめられるからです。本書は，「セグメンテーション違反」を避けるポイントを伝授しながら，ポインタの理解を深める小問題を集めてみました。

4.1 メモリとアドレス

変数の値は，メモリ（main memory，主記憶装置）上に格納されています。変数は，本来，メモリを隠蔽するための機能なのでメモリを意識する必要はありません。しかし，ポインタを使いこなすためにはメモリを意識して使う必要が出てきます。

問題 4.1: つぎのコードを見て，問 (1), (2) を答えよ。

```
int x = 0, y = 0, z = 0;

int main()
{
   int a, b, c = 0;
   int nums[10] = {0};
   ...
   return 0;
}
```

(1) 変数 x,y,z,a,b,c の値を格納しているアドレスを表示せよ
(2) 配列 nums の各要素が格納されているアドレスを表示せよ

【ヒント】 アドレス演算子 , ポインタ変数 書式

解　説

アドレス演算子 (&) は，変数の値がメモリ上に格納されているアドレスを得る演算子です。アドレスはシステムビット長の整数値ですが，つぎのように専用の書式%p で表示します。

```
printf("x,y,z = %p %p %p\n", &x, &y, &z);
printf("a,b,c = %p %p %p\n", &a, &b, &c);
```

実際に，アドレスを表示してみましょう。いくつか面白いことに気づくと思います。

　　x,y,z = 0x10d239030 0x10d239034 0x10d239038

　　a,b,c = 0x7fff529c7ba8 0x7fff529c7ba4 0x7fff529c7ba0

手元のパソコン（Mac OS X）で確認したところ，上記のとおり，グローバル変数（x, y, z）は 0x10a4... で始まるアドレス，ローカル変数（a, b, c）は 0x7ff... で始まるアドレスに，それぞれ格納されていました。オペレーティングシステムによって詳細は異なりますが，グローバル変数とローカル変数のアドレスが並ぶことはありません。これは，グローバル変数とローカル変数では，値を格納するメモリ領域はまったく異なるからです。

これから，ポインタ機能を使っていくとき，そのポインタの実体であるアドレスが，どのメモリ領域なのか意識する必要があります。メモリ領域は，図 4.1 に示すとおり，大きく分類して 5 種類あります。

カーネル領域（kernel）　オペレーティングシステムが管理するメモリ領域（使用不可）

テキスト領域（text）　コンパイルずみのコードやテキストが格納されるメモリ領域。プログラム領域とも呼ばれる（書込み不可）

静的領域（bss）　グローバル変数などの静的変数が置かれるメモリ領域

ヒープ領域（heap）　malloc/calloc 関数で動的確保するためのメモリ領域

スタック領域（stack）　CPU レジスタの一時的な退避やローカル変数を格納するメモリ領域

図 4.1　メモリ領域 (論理図)

特に重要なのは，ローカル変数やローカル配列を格納する**スタック領域**です。ローカル変数は，関数が呼び出されたとき，スタック領域の下から順番に積まれ，関数がリターンしたとき解放されるようになっています。再帰関数を失敗すると発生するスタックオーバーフローは，スタック領域を消費しつくした状態というわけです。

さて，アドレス演算子は，配列の各要素の格納アドレスを得るときも有効です。

```
    for(int i = 0; i < 10; i++) {
        printf("nums[%d] = %p\n", i, &nums[i]);
    }
```

こちらも表示してみると，スタック領域内に nums[0] から nums[9] までローカル変数 a,b,c の隣に並んでいることがわかります（int 型は 4 バイト長なので，4 バイトおきに並んでいます）。

```
nums[0] = 0x7fff529c7bb0
nums[1] = 0x7fff529c7bb4
nums[2] = 0x7fff529c7bb8
nums[3] = 0x7fff529c7bbc
...
nums[9] = 0x7fff529c7bd4
```

ここでいたずら心をもって，要素数を超えてアドレスを表示してみましょう。

```
    printf("nums[100] = %p\n", &nums[100]);
```

なにか警告が出るかもしれませんが，無視して実行してみると，nums[0] から 400 バイト先のアドレスが得られます。

```
nums[100] = 0x7fff5f5d8d40
```

このアドレスには，なんの値が格納されているのでしょうか？

正直にいってわかりません。なんの値かわからないので，その値を間違って参照して動作すると，どういう挙動になるか予測不能です。また，その値を間違って書き換えてしまうと，大切なデータを壊してしまうかもしれません。だから，配列の要素数を超えて参照すると，なにが起こるかわからないバグになるわけです。

4.2 参 照 渡 し

ポインタの入門的な利用法である「参照渡し」から練習してみましょう。

問題 4.2: つぎは，グローバル変数 count を用いて，フィボナッチ関数の再帰呼び出しの回数を測るプログラムである。

```c
int count = 0;
int fibo(int n) {
    count++;
    if(n == 1 || n == 2) {
        return 1;
```

```
        }
        return fibo(n-1) + fibo(n-2);
}
```

グローバル変数を用いることなく，カウンタで受け取って呼び出し回数を測定できるように修正せよ．

【ヒント】 fibo(n,count) のように，関数の引数を増やす

解　　　説

プログラミング言語では，関数 f の引数に変数 x を与えて $f(x)$ のように呼び出したとき，その変数の渡し方にいくつかの方法があります．

- **値渡し**（call by value）は，変数 x を先に評価して，その値を渡す方法です．関数内では独立した新たな変数が用意され，渡された値がコピーされるため，関数内でどのような操作をしても変数 x が変更されることがありません

- **変数渡し**（call by variable）は，変数自体を関数内に渡す方法です．したがって，変数 x は関数内と関数外で独立しておらず，関数内で変数 x を変更すれば関数外の変数 x も変更されます．変数渡しを実現する方法として，一般的に変数 x の参照を渡すことが多いので，**参照渡し**（call by reference）とも呼ばれます

本問題は，「変数渡し・参照渡し」を利用することになります．しかし，C言語の関数は，関数の独立性を高めるため，「値渡し」しかサポートしていません．一方，問題 4.1 で見たとおり，アドレス演算子を使うことで，変数の**参照化**（referencing），つまりアドレスを得ることができます．また，その逆操作である**脱参照化**（dereferencing）[†]，つまり参照（アドレス）から値を操作することも可能です．このような機能を使うことで，変数の参照を「値として」渡すことができ，渡された参照から変数の値を変更することができます．

ポインタは，C言語で利用される型付きの参照です．参照先の値が T 型のときは，$T*$ 型の参照ポインタとなります．つまり，int 型のポインタは，int * 型となります．このようにポインタ型がある理由は，ポインタ参照を脱参照化したときの値を正しく扱うためです．

脱参照化操作は，変数 p をポインタ変数とすると，単項演算子*を用いて*pのように書けます．しかし，ポインタ操作を含んだコードは，ポインタ型の*と混ざり合って，読みにくくなりがちです．そこで，脱参照化の操作は，*( ) のようにかっこで囲んで，ビルトイン関数っぽく書くのがおすすめです．

[†] リファレンス（referencing）に対し，文字どおり逆の操作を意味する「デリファレンス（dereferencing）」なのですが，なぜか自然な訳語がなく，間接参照と訳されることもあるようです．和訳したらますます意味がわからなくなるケースです．本書では，独自に「脱参照」と訳してみました．

*(p)

ポインタ変数は，それ自体，変数なので再帰的にポインタ変数の参照を得ることできます。ポインタのポインタ，3重ポインタなど，特別なものと解説していることがありますが，再帰的な構造はプログラミング言語の本質です。

変数と参照化操作，脱参照化操作 の関係をまとめると，**表 4.1** のとおりになります。

表 4.1 変数と参照化，脱参照化

ポインタ参照先の型	(←)	脱参照化	変数	参照化	(→)	ポインタ参照の型
N/A	(←)	*(x)	int x	&x	(→)	int *
int	(←)	*(x)	int* x	&x	(→)	int **
int *	(←)	*(x)	int** x	&x	(→)	int ***

さて，そろそろ問題に戻って，カウンタ変数を参照渡しにしてみましょう。

まず，関数 fibo() の外部で呼び出し回数を数える変数を想定します。この変数は，なんの名前でも構いません。仮に変数 c とします。

```
int c = 0;
```

この変数 c のポインタ参照は &c で得られ，int *型の変数に格納できます。関数 fibo() は，引数を一つ増やし，この int *型でポインタ参照を渡せるようにします。変数名は，（原則「値渡し」として独立しているから）変数 c にそろえる必要はありません。ここでは，問題と同じく count のままにします。

```
int fibo(int n, int *count) {
    ...
```

関数 fibo() 内では，先頭で count をインクリメントして呼び出し回数をカウントします。ただし，変数 count はポインタ変数なので，脱参照化したのち値として計算する必要があります。脱参照化したポインタ変数は，通常の変数と同じく代入などの操作が可能になります。

```
int fibo(int n, int *count) {
    *(count) = *(count) + 1;
    ...
```

あとは，関数内の再帰呼び出しにおいても，同じようにポインタ参照を渡してあげるだけです。ここで，&count すると，ポインタ参照の参照（int **型）になってしまいます。変数 count は，そもそもポインタ参照なのでそのまま渡します。

```
int fibo(int n, int *count) {
    *(count) = *(count) + 1;
    if(n == 1 || n == 2) {
        return 1;
    }
    return fibo(n-1, count) + fibo(n-2, count);
}
```

つぎは，実際にどうやってカウントするか例を示しています。つぎのようにローカル変数を参照化して，引数に追加します。

```
int main() {
   int c = 0;
   printf("fibo(32) = %d, c=%d\n", fibo(32, &c), c);
   return 0;
}
```

参照化と脱参照化は，ポインタ機能の核となります。今回の問題を理解すれば，最初の関門は無事にパスしたといえるでしょう。

4.3 void ポインタ

整列アルゴリズムでおなじみのスワップを関数化してみましょう。

★★★

問題 4.3: 同じ型の変数が二つある。このとき，変数がどんな型であっても，その値を入れ替えることができる swap 関数を定義せよ。

【ヒント】 void ポインタ を使う。変数の値の大きさに注意

解　説

もし swap 関数の対象が，int 型の 2 変数に限定されていたら，特に工夫もなく「参照渡し」で入れ替えられます。

```
void swap(int *a, int *b) {
   int temp = *(a);
   *(a) = *(b);
   *(b) = temp;
}
```

ポイントは，これを char 型でも，double 型でも入れ替えられるようにする点です。

まず，引数の型に着目すると，int * のままでは明らかに型違反なので，型情報のないポインタ型 void * に変更します。

```
void swap(void *a, void *b) {
   void temp = *(a);       // 脱参照できない
   *(a) = *(b);
   *(b) = temp;
}
```

void * 型は，ポインタ型の基本型で，すべてのポインタ型を受け付けることができます。しかし，その代償として参照先のデータ型を失ってしまうため，脱参照化操作で値に戻すことができません。しかし，実は値を入れ替えるだけなら，値に戻す必要ありません。

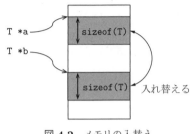

値を入れ替えるというのは，メモリ上に格納されているデータをそっくり入れ替えているだけです。データのサイズだけわかれば，例えば，char 型なら1バイト分，double 型なら8バイト分だけ入れ替えればよいわけです（図 4.2）。

図 4.2 メモリの入替え

void * 型で欠落した型情報の代わりに，データのサイズを伝える（変数 len）を追加します。そして，変数 len 分だけ，作業用メモリを配列†で確保します。参照先のメモリを別の参照先にコピーするのは，標準 C ライブラリの memcpy() を利用します。

```
void swap(void *a, void *b, size_t len)
{
    char temp[len];
    memcpy(&temp, a, len);
    memcpy(a, b, len);
    memcpy(b, &temp, len);
}
```

さて，これで汎用的な swap 関数は完成です。例えば，double 型の変数は，つぎのように入れ替えることができます。

```
double x = 0.0, y = 1.0;
...
swap(&x, &y, sizeof(x));
```

変数の大きさを与えるときは，double 型なら8のようにサイズを即値で書かず，必ず sizeof 演算子 を使うようにしましょう。ポインタ操作は，万が一でもサイズを間違えると，大惨事になりますよ。

---

† 昔の C 言語は，固定長の配列しか宣言できませんでした。char temp[len] のように変数で配列の大きさを指定するのは，C99 から認められた比較的新しい書き方です。もし古い C を使うなら，1バイトずつ変数 len 分だけ繰り返しながらスワップしても構いません。

4.4 ポインタと配列

配列とポインタは，似て非なる存在です．配列の仕組みを正しく知ることがポインタを使いこなす近道です．

> ★★
>
> **問題 4.4:** つぎは文字列の長さを得る関数 strlen(c) である．
> ```
> long strlen(char *s) {
>    const char *p = s;
>    while(*p != 0) p++;
>    return p - s;
> }
> ```
> この関数をポインタ操作（*(p) や p++）を用いずに，配列操作で書き直せ．

解　　説

昔は，ポインタ参照に相当する例が身近になかったので，なおさらポインタを理解しにくかったものです．最近は Web のおかげでリンクという概念が当り前になって，ポインタもずいぶん理解しやすくなりました．

まず，Web ページを変数に格納された HTML ファイルだと想像してみてください．

```
page_t file = <html> .. </html>
```

ポインタは，身近なものに例えてみるならば，Web ページの位置を示す URL（リンク）に相当します．

```
page_t file = <html> .. </html>
page_t *url = &file;
```

まだ，脱参照化操作も，要するに URL からページをダウンロードすることに相当します．ダウンロードしたら，それはファイルなのは当り前ですよね．

```
page_t p = *(url);
```

ちなみに関数の値渡しは「Web ページをファイルとして添付する」参照渡しは「URL だけ送る」ということに相当します．だから，ここまでに本質的に理解しにくい話しはありません．

ところが，C 言語のポインタは，ポインタ演算という URL にはない機能が登場してきます．それはなにかといえば，ポインタのアドレスに対し，整数（n）の加減算を行い，アドレスを再計算する機能です．

```
    url + n
```

これは，どういう意味になるかといえば，「URL の参照する先にページが並んでいた」と仮定するなら，n 番目のページの URL となります。

ここで「ページが並んでいた」という状況は，おなじみの配列で表すことができます。すると，配列とポインタ演算の関係はつぎのとおりになります。

```
page_t file[10];   url = &(file[0]);
file[0]            *(url)
file[3]            *(url + 3)
file[n]            *(url + n)
```

配列とポインタは，概念的にまったく違いますよね。しかし，C 言語の開発者はかなり思い切った設計，つまり配列の型をポインタ型（上の例では，`page_t *` 型）にしてしまいました。だから，配列はポインタ型なので，アドレス演算子で参照化しなくてもポインタ変数に代入できます。

```
    page_t file[10];
    page_t *url = file;
```

同時に，配列操作 `file[n]` は，つぎのようにポインタ演算と対応づけられました（配列的には奇妙ですが，n が負の数でも構いません）。

```
file      &file[0]      url           &url[0]
file[n]   &file[n]      url + n       &url[n]
file[0]   *(file)       *(url)        url[0]
file[n]   *(file + n)   *(url + n)    url[n]
```

注意：配列操作 `a[x]` は，ポインタ演算（`a+x`）の糖衣構文です。もし，`a[1]` の代わりに `1[a]` と書いても，`1+a` は `a+1` なので，`a[1]` と解釈されます。実際に，`1[a]` は構文エラーにもなりません。

配列とポインタの関係性の意味をあまり深く考えても仕方がありません。そもそも，プログラミング言語の 操作的意味論 は，規則の上で意味を定義するものなので，C 言語の開発者が規則をそう定義してしまえば，あとはどんな文脈でも機械的に同じものとして扱われます。

だったら，ポインタがデータの並びを参照しているときは，ポインタ演算は新たに一切覚える必要なく，使い慣れた「配列操作でプログラミングすればよい」という結論に至ります。

大昔の C コンパイラは，ポインタ演算，特に（`p++`）のようなポインタのインクリメント演算のほうが，配列操作よりも高速なコードを生成できました。だから頑張ってポインタ演

算を使うそれなりの理由がありました。しかし，現代のCコンパイラは，配列操作でもほとんど性能差がなく，場合によってはSIMDベクトル化も期待できるかもしれません。だから，ポインタ演算を使う必然性はまったくなく，下手に使用すると，どこを参照しているのかわからなくなる原因となります。

さて，本題のコードは，引数のchar *sは文字列なので，文字データが並んでいると仮定が成り立ちます。そのような場合は，配列としてプログラミングしたほうが読みやすく，間違いにくくなります。

```
long strlen(char s[]) {
    long len = 0;
    for(int i = 0; s[i] != 0; i++) {
        len++;
    }
    return len;
}
```

最後に，もう一度，ご注意を。

配列はポインタと同じ型ですが，ポインタは配列であることを保証するものではありません。「ポインタの参照する先にデータが並んでいる」なら，配列としてn番目のデータが参照できるという意味です。ポインタの参照先にデータが並んでいなければ，配列ではありませんし，配列としてアクセスしてはいけません。

4.5 ヒープ

スタック領域や静的領域は，メモリ確保の自由度がありません。ヒープ領域から好きなサイズのメモリを確保してみましょう。

★★★

問題 4.5: ユーザがN ($2 \leq N \leq 1000$) を入力したとき，$N \times N$の行列積を計算し，その実行時間を計測するプログラムを作成せよ。

【ヒント】 $N \times N$の行列積 ($C = A \cdot B$) は，つぎの3重ループで計算できます。

```
for (int i=0; i < N; i++) {
    for (int j=0; j < N; j++) {
        for (int k=0; k < N; k++) {
            C[i][j] += A[i][k] * B[k][j];
        }
    }
}
```

解　説

行列積は，科学技術計算シミュレーションにおいて頻出の計算です。もし行列の大きさが固定ならば，素直にグローバル配列として静的メモリ領域に確保することができます。

```
double A [2000][2000] = {0};
double B [2000][2000] = {0};
double C [2000][2000] = {0};
```

今回のように，実行時に行列の大きさが決まるときは，このような静的メモリ確保（static memory allocation）では，無駄が生じるか，足りなくなります。あまり望ましくありません。必要なメモリ量だけ，実行時に動的メモリ確保（static memory allocation）する方法を考えましょう。

動的メモリ確保は，ローカル配列を定義し，スタック領域に積む方法で実現することができます。特に，C99では変数でローカル配列の大きさを指定できるため，無駄なくメモリ確保できます。

```
void matmat(int n)
{
   double A [n*n];
   double B [n*n];
   double C [n*n];
   double s = gettime();
   for (int i=0; i < n; i++) {
      for (int j=0; j < n; j++) {
         for (int k=0; k < n; k++) {
            C[i * n + j] += A[i * n + k] * B[k * n + j];
         }
      }
   }
   double e = gettime();
   printf("%d x %d matrix: %f [ms]\n", n, n, (e-s));
}
```

関数 matmat(n) は，nが小さなときは問題なく動作します。しかし，matmat(1000)で実行したら，セグメンテーション違反でクラッシュするはずです。

この理由は，スタック領域のサイズは限られており，ローカル配列がスタック領域をすべて使い尽くしてしまったためです（詳しくは，問題4.12の解説を参考にしてください）。

セグメンテーション違反を避けるためには，ヒープ領域からメモリ確保する必要があります。この操作には，標準Cライブラリ stdlib.h の malloc/calloc を用います。どちらもヒープ領域からメモリ確保する関数ですが，calloc は，メモリ確保と同時にメモリの初期化も行ってくれます。

```
T a[N] = {0};
```

```
    T *a = (T*)calloc(N, sizeof(T));
```

一方，mallocは，自分でmemset()を使って初期化しなければなりません（結構，初期化を忘れて，困難なバグの原因になりがちです）。

```
    T a[N] = {0};
    T *a = (T*)malloc(N * sizeof(T));
    memset(a, 0, N * sizeof(T));
```

つぎは，calloc()によるmatmat()関数の例です。

```
void matmat(int n)
{
   double *a = (double *)calloc( n * n, sizeof(double));
   double *b = (double *)calloc( n * n, sizeof(double));
   double *c = (double *)calloc( n * n, sizeof(double));
   if(a == NULL || b == NULL || c == NULL) {
      perror("out of memory"); // メモリ不足
      exit(EXIT_FAILURE);
   }
   double s = gettime();
   for (int i=0; i < n; i++) {
      for (int j=0; j < n; j++) {
         for (int k=0; k < n; k++) {
            c[i * n + j] += a[i * n + k] * b[k * n + j];
         }
      }
   }
   double e = gettime();
   printf("%d x %d matrix: %f [ms]\n", d, d, (e-s));
   free(a); // メモリ解放
   free(b);
   free(c);
}
```

行列積を計算するプログラムは，メモリ確保の方法をcallocに変更しても，ローカル変数の場合とまったく同じです。メモリ領域ごとにポインタ操作の方法が変わることはありません。ただし，メモリ確保にまつわる重要な違いが二つあります。

一つは，malloc/callocは，要求するメモリサイズによっては確保できないこともあります。その場合は，NULLポインタが返されます。それをNULLチェックして，メモリ不足のエラー処理をしています。

ちなみに，NULLは，ポインタ参照がどこも参照していないことを意味します。必ずしもアドレス0番であることは保証されませんが，ほぼすべてのC言語処理系でつぎのように定義されています。

```
#define NULL ((void*)0)
```

もう一つは，最後に `free()` 関数を用いて，メモリ解放をしている点です。

ヒープ領域のメモリは，スタック領域とは違い，関数が戻るときに自動的に解放されません。ユーザが明示的に解放するまで，いつまでも利用可能です。これは便利で使いやすい反面，必要のないメモリをいつまでも確保する危険性もあります。もし `matmat()` 関数で `free()` を忘れると，変数 a,b,c が保持するポインタ参照は失われ，二度とそのメモリを利用できなくなります。そのような状態を**メモリリーク**（memory leak）と呼び，あまり望ましい状態ではありません。

問題 4.11, 問題 5.9 では，メモリリークについてより詳しく学びます。

4.6 メ モ リ 領 域

ベストな解法がなくムズムズする問題です。

★★★★

> **問題 4.6:** 関数 `binary(n)` は，符号なし整数 n を 2 進数表記の文字列に変換する関数である。
>
> ```
> char *binary(unsigned int n) {
>     char buf[33] = {0};
>     for(int i = 31; i >= 0; i--) {
>         buf[i] = (n % 2 == 0) ? '0' : '1';
>         n /= 2;
>     }
>     return buf;
> }
> ```
>
> 残念ながら，この関数は致命的な不具合が存在し，正しく動かないことが予想される。正しく動作する関数に修正せよ。

【ヒント】 文字列を格納するメモリ領域に注目

解　　説

配列は，ポインタ型であるため，与えられた関数 `binary(n)` は，言語文法的にも，型システム的にもなにも間違っていません。

ここがポインタの落とし穴です。2 進数表記に変換後の文字列を格納する配列 `buf` はローカル変数として宣言されているため，スタック領域に確保されます。ローカル配列は，関

数内で一時的にデータを操作するだけなら，もちろん問題ありません．しかし，この配列はbinary(n) から戻るとき，自動的に解放されてしまいます．それなのに buf のポインタ参照を戻し，関数外部から使うようにしています．

```
char *bin = binary(n);
...
printf("%d, %s\n", n, bin);
```

ここで「解放される」といっても，初期化されるわけでなく，他の関数がローカル変数用メモリとして利用可能になるという意味です．他の関数が利用しなければ，データがそのまま残るので，なんとなく動作してしまうことも少なくありません．しかし，他の関数呼び出しをすると，文字列は予期せず書き換えられてしまうわけです（怖くて試す気にもなれませんが...）．

問題のポイントは，変換後の文字列を，ローカル配列ではなく，どのメモリ領域に確保するかになります．

一番簡単な方法は，グローバル配列で静的領域に確保することです．こうすれば，関数から戻ったときも配列 buf は利用可能です．つぎのように，修飾子 static を付ければ，関数内からのみ変数参照可能なグローバル配列になり，他のグローバル変数との名前衝突も気にしなくてすみます．

```
char *binary(unsigned int n) {
   static char buf[33] = {0};
   for(int i = 31; i >= 0; i--) {
      buf[i] = (n % 2 == 0) ? '0' : '1';
      n /= 2;
   }
   return buf;
}
```

ただし，静的領域に保存したデータは，関数呼び出しの間で共有されるため，もう一度，binary 関数を利用すると上書きされてしまいます．つまり，つぎのような場合，b1 と b2 は（同じポインタ参照であるため）同じ文字列になります．

```
char *b1 = binary(1);
char *b2 = binary(2);
```

このような関数を「再入可能（ リエントラント ）でない」といいます．関数としては，利用時に注意しなければなりません．

つぎの方法は，関数の外部でメモリを確保してもらい，それを引数で受け取る方法です．

```
/ * The caller must provide the output buffer buf (which must
    be at least 33 characters long) to store the result. */
```

```
char *binary_r(unsigned int n, char *buf) {
   for(int i = 31; i >= 0; i--) {
      buf[i] = (n % 2) ? '0' : '1';
      n /= 2;
   }
   buf[32] = 0;  // ensure null termination
   return buf;
}
```

こうするとローカル配列であっても，関数の外部で確保すれば利用できるようになります。つぎは，ローカル配列 b1, b2 をスタック領域に確保する例です。

```
void f() {
   char b1[33] = {0};
   char b2[33] = {0};
   binary_r(1, b1);
   binary_r(2, b2);
   ...
}
```

ローカル配列 b1, b2 は，f() 関数呼び出しが戻るまで有効です。f() 関数内側で呼び出される関数にも安全にポインタ参照で渡すことができます。

ただし，この方法も バッファオーバーラン を起こしやすいという問題があります。つまり，引数 char *buf は，渡されるメモリサイズが 33 バイト分以上確保されていなければなりません。もし少ない場合は，どこかを予期せず書き換えてしまいます。C コード上で，配列のサイズを強制する手段はないため，コメントで注意書きを書くくらいしか誤用を防ぐ手段はありません。

最後に残された手段は，malloc/calloc でヒープ領域に確保する方法です。

```
/* The string returned is allocated with malloc(3);
   the caller must free it when finished. */
char *binary(unsigned int n) {
   char *buf = (char*)calloc(33, sizeof(char));
   for(int i = 31; i >= 0; i--) {
      buf[i] = (n % 2) ? '0' : '1';
      n /= 2;
   }
   return buf;
}
```

ヒープ領域は，どこからも影響を受けない最も使いやすいメモリ領域です。三つの方法のうちで，最も誤動作の可能性が少ない方法といえます。ただし，メモリリークの解説でも述

べたとおり，ヒープ領域に確保したメモリは，使用後にメモリ解法（free）をしてもらう必要があります。

```
void f() {
   char *b1 = binary(1);
   char *b2 = binary(2);
   ...
   free(b1);   // don't forget this
   free(b2);
}
```

このメモリ解放を強制する方法がないため，うっかり忘れてメモリリークの原因になりやすいです。

三つの方法を比べてきましたが，結局，これだという決定打はありません。どれも一長一短あり，ムズムズするところです。

4.7 可変長配列

配列は，宣言したときにサイズが決まっています。しかし，用途によっては，配列を使いながらサイズを伸長したいときもあります。

問題 4.7: つぎは，標準入力から EOF（End of File）まで，1 文字ずつテキストを読んで表示するコード片である。

```
for(int ch = fgetc(stdin); ch != EOF; ch = fgetc(stdin)
    ) {
   putchar(ch);
}
```

このコードを参考に読み込んだテキストを文字列としてメモリ上に格納するプログラムを書け。

【ヒント】 キーボードから EOF を入力するには，Control-D を押す

この問題のポイントは，標準入力から入ってくるテキストサイズがわからない点です。もし読み込まれるテキストサイズが BUFSIZ 未満とわかっていたら，char[BUFSIZ] の配列に順番に格納していけばよいわけです。

```
int ch = 0;
char buf[BUFSIZ] = {0};
int len = 0;
for(int ch = fgetc(stdin); ch != EOF; ch = fgetc(stdin)) {
   buf[len] = ch;
```

```
        len++;
    }
```

しかし，入力テキストのサイズを予測する方法はありません。キーボードから入力するなら，それほど大きくないと仮定できるかもしれませんが，実際はリダイレクトでいくらでも大きなファイルを標準入力から流し込めます。

そこで，**可変長配列**（growing array）を使います。アイデアは簡単です。まず calloc() で，最初に適切なサイズの配列をヒープ領域に確保します。もしサイズが足りなくなったら順次，より大きなサイズの配列を確保し直してあげればよいだけです。そのとき，つぎのような配列の状態を表す二つの変数を用意します。

- capacity—calloc() したときの配列容量
- size—現在までに書き込まれた要素の数

ここでは，例えば，つぎのように初期化することにします。

```
char *buffer = (char*)calloc(4096, sizeof(char));
size_t capacity = 4096;
size_t size = 0;
```

配列に新たな文字を追加するとき，size < capacity ならそのまま追加します。size は，いままでに追加された要素の数と同時につぎに追加する要素の位置となります。

```
if(size < capacity) {
    buffer[size] = ch;
    size++;
}
```

もし size < capacity でなければ，新たに (capacity * 2) のサイズで配列を確保し，古い配列の要素をすべてコピーします。

```
if(!(size < capacity)) {
    char *newbuffer = calloc(capacity, sizeof(char));
    memcpy(newbuffer, buffer, capacity);
    capacity *= 2;
    free(buffer);
    buffer = newbuffer;
    assert(size < capacity);
}
```

追加する前に，新しい配列と古い配列のポインタ参照を差し替えるところがポイントです。その前に，古い配列を free() でメモリ解放し忘れないでください。

可変長配列は，非常に重宝するテクニックです。連結リストを使うよりメモリの節約になりますし，実装[†]も簡単です。

[†] またメモリの伸長の部分は，標準ライブラリの realloc() を使って，もっと簡易に書くこともできます。

4.8 構 造 体

構造体は，複数個の要素からなる値をひとまとまりの値として扱うための道具です。プログラムが複雑になってくると，必須テクニックとなります。

> **問題 4.8:** 3次元上の空間 (x, y, z) を考える。この空間上の点 $P(x_1, y_1, z_1)$ と $Q(x_2, y_2, z_2)$ のユークリッド距離は，つぎの式で求められる。
>
> $$\sqrt{(x_1 - x_2)^2 + (y_1 - y_2)^2 + (z_1 - z_2)^2}$$
>
> 空間上の点 P, Q を構造体で表現し，ユークリッド距離を求める関数 d() を定義せよ。

解　説

まず，構造体を使わず，ユークリッド距離を求める関数を定義してみましょう。つぎのような6引数の関数定義になります。

```
double d(double x1, double y1, double z1, double x2, double y2
    , double z2) {
  return sqrt((x1-x2)*(x1-x2) + (y1-y2)*(y1-y2) + (z1-z2)*(z1
    -z2));
}
```

これは，おかしなところのない立派な関数定義ですが，引数が多過ぎて使い勝手が悪そうです。空間上の点は三つ組 (x, y, z) なので，これを1変数で扱いたいと考えるのは自然でしょう。

本問題では，(x, y, z) はすべて同じ型なので，3値の並んだ配列として扱うことも可能です。double p[3] と宣言し，p[0] は x 座標の値，p[1] は y 座標の値，p[2] は z 座標の値という具合です。

```
double d(double *p, double *q) {
  return sqrt((p[0]-q[0])*(p[0]-q[0]) + (p[1]-q[1])*(p[1]-q
    [1]) + (p[2]-q[2])*(p[2]-q[2]));
}
```

関数の引数は，変数 p, q とすっきりしました。しかし，x, y, z の対応がわかりにくく，暗号的なコードになってしまいました。もし書き間違いがあっても間違いを探しにくそうです。やっぱり，(x, y, z) はそのままの名前で扱いましょう。

構造体は，データの並びに対して，配列のように番号ではなく，名前で参照することを可能にします。使い方は，struct 宣言文を使って，構造体の名前とそのメンバを定義します。

今回の例では，たまたますべてのメンバが double 型と同じでしたが，構造体は異なる型のメンバを定義することができます。

```
struct point {
   double x;
   double y;
   double z;
};
```

いったん，このように構造体を宣言すると，あとは struct point 型 として変数をつくることができます。初期化の方法は，配列と同じです。

```
struct point p = {0.0, 0.0, 0.0};
```

構造体 p の各メンバへのアクセスは，ドット演算子 . で行います。

```
p.x      p.y      p.z
```

構造体 struct point を引数に使って関数を定義し直すと

```
double d(struct point p, struct point q) {
   return sqrt((p.x-q.x)*(p.x-q.x) + (p.y-q.y)*(p.y-q.y) + (p.z-q.z)*(p.z-q.z));
}
```

どうでしょうか？ 直感的に，読みやすくなりました。しかし，この関数定義はまだまだ直すことがあります。

C 言語の関数は値渡しであるため，関数呼び出しのとき，構造体全体が値としてコピーされます。struct point は，たかだか 8 × 3 バイト程度なので，それほど気にするところではないかもしれませんが，構造体のサイズが大きくなると，無視できないオーバーヘッドになります。

C プログラミングでは，構造体の値は直接，引数や戻り値にすることなく，ポインタ参照として渡すのが一般的です。構造体のポインタ型は，「T 型のポインタは T* となる」のルールに従います。

```
struct point *p;
```

残る問題は，構造体のメンバの脱参照化操作です。まず，普通に *(p) で脱参照化操作すると構造体全体の値が得られます。そこから，. ドット演算子で構造体のメンバを操作し

```
*(p).x      *(p).y      *(p).z
```

としてもよいのですが，ふつうは，アロー演算子 -> を使って，直接，構造体ポインタから必要なメンバだけを脱参照化します。

```
p->x      p->y      p->z
```

正解は，つぎのとおり構造体ポインタを使ったバージョンとなります。

```
double d (struct point* p, struct point* q) {
   return sqrt((p->x - q->x)*(p->x - q->x) + (p->y - q->y)*(p
      ->y - q->y) + (p->z - q->z)*(p->z - q->z));
}
```

ドット演算子.とアロー演算子->は，どちらを使うべきなのか紛らわしいところです。構造体は，可能なかぎりポインタ参照から利用するようにし，アロー演算子を使うようにするとよいでしょう。

4.9　ライブラリとポインタ

構造体は，標準 C ライブラリでも普通に利用されています。ライブラリを使うときは，マニュアルで構造体の構造体定義を確認しながら利用します。

> ★★
>
> **問題 4.9:** 現在の時刻を YYYY/MM/DD hh:mm:ss 形式で表示せよ。

【ヒント】　標準 C ライブラリ time() , localtime() を使う

解　　説

まず，現在の時刻を知るためには，標準 C ライブラリ time.h の time() を使います。この関数は，UTC（グリニッジ標準時）1970 年 1 月 1 日 0 時 0 分 0 秒からの経過時間をミリ秒で表現した値を返します。

```
    time_t   timer = time(NULL);
```

ここから現在の時刻に単位変換するわけですが，ローカルタイムゾーンの時刻に変換してくれる便利なライブラリ関数 localtime() があります。

```
    time_t   timer = time(NULL);
    struct tm *date = localtime(&timer);
```

さて，ここで問題となるのは，つぎの 2 点です。

- 構造体 struct tm の定義内容
- ポインタ変数 date が参照する構造体を格納するメモリ領域

後者が気になるようになったら，C プログラマとしては一流です。さて，差し当たり，前者の構造体の定義内容を調べましょう。

標準ライブラリの構造体定義は，ヘッダファイル time.h の中で定義されています。ただ

し，ヘッダファイルから探すのは最終手段[†]です。通常は，ライブラリのリファレンスマニュアルを探します。

標準的な Unix 環境であれば，`man localtime` のようにコマンドを実行すると，リファレンスマニュアルを見ることができます。

```
$ man localtime
CTIME(3)              BSD Library Functions Manual              CTIME(3)

NAME
     asctime, asctime_r, ctime, ctime_r, difftime, gmtime, gmtime_r, localtime,
     localtime_r, mktime,  timegm -- transform binary date and time values

....
The tm structure includes at least the following fields:
          int tm_sec;      /* seconds (0 - 60) */
          int tm_min;      /* minutes (0 - 59) */
          int tm_hour;     /* hours (0 - 23) */
          int tm_mday;     /* day of month (1 - 31) */
          int tm_mon;      /* month of year (0 - 11) */
          int tm_year;     /* year - 1900 */
          int tm_wday;     /* day of week (Sunday = 0) */
          int tm_yday;     /* day of year (0 - 365) */
          int tm_isdst;    /* is summer time in effect? */
          char *tm_zone;   /* abbreviation of timezone name */
          long tm_gmtoff;  /* offset from UTC in seconds */
```

あとは，リファレンスマニュアルに従い構造体から必要な値を取り出します。

```
printf("%d/02%d/%02 %02d:%02d:%02d\",
    1900 + date->tm_year, date->tm_mon + 1, date->tm_mday
    date->tm_hour, date->tm_min, date->tm_sec);
```

ポインタを使い始めると，標準 C ライブラリの利用でもクラッシュする機会が増えます。しかし，標準 C ライブラリにバグがあることはまずあり得ないので，リファレンスマニュアルの注意事項をしっかり読んでください。ほとんどが，関数呼び出しのとき，間違った引数を渡したり，戻り値の処理を忘れている場合に発生します。

最後に，「ポインタ変数 date が参照する構造体データを格納するメモリ領域」や「NULL ポインタはかえってくるのだろうか？」と気になり出したら，間違いなく，ポインタを使いこなせている証拠です。

[†] ヘッダファイルを見ると，プラットホーム依存なメンバを使ってしまう可能性があります。

4.10 ポインタによる連結リスト

ポインタと構造体を使って，**連結リスト**（linked list）をつくる練習をしてみましょう。

> **問題 4.10:** つぎの数列から数字を循環的に表示するプログラムを考える。循環とは，$1,1,2,..$ と表示しながら，最後の 13 のつぎは，先頭に戻り 1 となることである。
>
> $$1\ 1\ 2\ 3\ 5\ 8\ 13$$
>
> この数列を循環リストに登録し，ユーザが入力した数値 n ($n \geq 0$) に従い，n 個の数字を表示するプログラムを作成せよ。

【ヒント】 問題 3.1 の 循環リスト 版
【ヒント】 データ構造は構造体で定義する

解 説

ポインタと構造体を組み合わせると，より複雑なデータ構造を表現することができるようになります。その代表的なデータ構造が図 4.3 のような**リスト**（list）です。

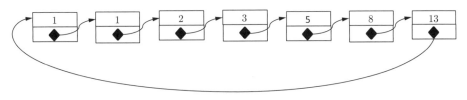

図 4.3 循 環 リ ス ト

リストのつくり方は，構造体でデータを格納するエントリ（セルとも呼ぶ）をつくります。今回は，つぎのように構造体 `struct entry` 定義してみます。

```
struct entry {
    int value;
    struct entry *next;
};
```

`value` メンバはデータを格納し，`next` メンバはつぎのエントリを示します。ポイントは，つぎのエントリを示すリンクとして，ポインタ参照を使う点です。

さて，エントリの構造体を定義したら，つぎはリストに入れるデータを用意します。

```
struct entry data[7] = {
    {1, NULL}, {1, NULL}, {2, NULL}, {3, NULL},
    {5, NULL}, {8, NULL}, {13, NULL}
};
```

この時点で，まだリストになっていません。next メンバは，NULL ポインタのままです。連結リストでは，一般に NULL はリストの終端として使います。

つぎのように，各エントリがつぎのエントリを参照できるように，next メンバの値を設定します。最後の data[6] は，循環的に参照するように先頭を &data[0] のポインタ参照を代入します。

```
data[0].next = &data[1];    // data + 1
data[1].next = &data[2];    // data + 2
...
data[6].next = &data[0];
```

これで，循環するように連結リストを構築することができました。

今注目しているエントリを表すポインタ変数 cur（カーソルに由来）を用意します。まずは，先頭のエントリを参照しておきます。

```
struct entry *cur = &data[0];
```

すると，cur から見て，現在の値，つぎの値，そのつぎの値は，つぎのように取り出すことができます。

```
cur->value
cur->next->value
cur->next->next->value
```

next メンバが，cur と同じく struct entry *型であることがポイントです。順番に cur のポインタを cur->next に置き換えていくと，n 回繰り返して値を表示できます。

```
struct entry *cur = &data[0];
for(int i = 0; i < n; i++) {
    printf("%d ", cur->value);
    cur = cur->next;
}
```

構造体は，ポインタと組み合わせると，単純にデータが並んだ配列よりも複雑なデータ構造（木構造やグラフ構造）をつくることができます。malloc/calloc を組み合わると，より威力を発揮します。アルゴリズムとデータ構造では，より興味深いデータ構造が登場しますので，ぜひ練習してみてください。

4.11 メモリリーク

メモリリークを実体験するには、どの程度、free()し忘れが発生するかバイト数を調べてみることです。

★★★★★

問題 4.11: メモリリーク量を測定するため、calloc()、free()時にメモリ利用量を計測できるように拡張したMcalloc()、Mfree()を定義せよ。

【ヒント】 calloc()/free()を、そのままMcalloc(), Mfree()に名前だけ差し替えられるようにつくる

解説

この問題は、メモリリークを検出するための小技ですが、その前に怖いメモリリークの実話を二つ。

- ある工場に新しく入った産業ロボット。2箇月後、ロボットが急に動作しなくなって製造ラインが止まる。この不調は、約2箇月ごとに繰り返し、毎回、開発者が呼び出される
- ある研究室の学生たちがつくった展示ソフトウェア。万全を期して開発したデモなのに、30分以上デモすると突然クラッシュする

どちらも、メモリリークの症状を示しています。少しずつ、メモリリークしており、ある一定期間動作すると、メモリが消費しつくされて、クラッシュするからです。特に、微量なメモリリークの場合は、メモリがリークしているのか、正常な消費なのか判定するのも難しいものです。なにもなく動作していたのに、ある日突然クラッシュするかもしれないなんて、まさに悪夢といえます。

メモリリークを検出するため、グローバル変数（usedMemory）でメモリ使用量をカウントしてみましょう。callocを呼び出す前に、グローバル変数で使用メモリ量を増やしていきます。

```
static size_t usedMemory = 0;
void *Mcalloc(size_t count, size_t size)
{
    usedMemory += (count * size);
    return calloc(count, size);
}
```

102   4. ポインタ

この方法は，一見，うまくいきそうな感じですが，Mfree() のとき，そのポインタがどれだけのメモリを消費していたのか調べる術がありません。

そこで，一計を案じます．メモリ確保するとき，ヘッダを追加して余分にメモリを確保し，そのヘッダにメモリサイズを記録するようにします．そうすれば，Mfree() のとき，ヘッダのメモリ記録量を確認して，解放するメモリ量を計算できるようになります．

余分に確保したメモリは，ヘッダ分だけシフトして，ポインタ参照を返せば，calloc()/free() の置き換えとして，いままでどおり利用できるようになります．

```c
static size_t usedMemory = 0;
void *Mcalloc(size_t count, size_t size)
{
    size_t *head = (size_t *)malloc(sizeof(size_t) + (count *
        size));
    memset(head, 0, sizeof(size_t) + (count * size));
    head[0] = count * size;
    usedMemory += (count * size);
    return &head[1];
}

void Mfree(void *ptr)
{
    size_t *head = (size_t *)ptr;
    usedMemory -= (head[-1]);
    free(&head[-1]);
}
```

実際に，これからメモリ確保のプログラムを書いたら，プログラムの calloc()，free() をそのまま Mcalloc()，Mfree() に置き換えて，どの程度メモリリークしているか確認してみましょう．プログラムを終了する前に，usedMemory が 0 ならメモリリークはありません．

最後に，少しだけ気の楽になる話をしておきます．

メモリリークは絶対に起こしてはならない，と神経質に考える前に，メモリリークで問題となるのは「プログラムを終了する前にヒープが消費し尽くされるときだけ」です．つねに，ヒープ領域が残った状態でプログラムが終了できるのなら，それほど気にする必要はありません（静的メモリ領域だって，使用しなくても最後まで解放されませんから）．

逆に，神経質になって free() を頑張って入れると，まだメモリを参照しているポインタがあるのに，先に free() してしまうという別の事故を起こしていまいます．経験的には，こちらのほうがより深刻なバグになります．（まったく無視してよいわけではありませんが，）少しのメモリリークなら許容する度量も必要です．

また，メモリリークの問題を解決する手法は，問題 5.9 でも解説するとおり，プログラマ

の努力より，本来なら ガベージコレクション に頼るべきです．併せて問題も挑戦してみてください．

4.12 スタックオーバーフロー

スタック領域を理解するため，いけない遊びをしてみましょう．

★★★★

問題 4.12: C プログラムのスタック領域の大きさ（上限/下限アドレス）を検査して，表示するプログラムをつくれ．

【ヒント】 人為的に スタックオーバーフロー （stackoverflow）を起こす

解　説

　スタック領域とは，関数呼び出しのたびに利用されるメモリ領域です．関数が呼び出されるたびに，ローカル変数の値や関数呼び出しの制御情報などが格納されます．スタックオーバーフローは，スタック領域を消費しつくしたときに発生します．

　つぎの関数 f(c) は，再帰呼び出しを繰り返し，そのたびにローカル変数のためにスタック領域を消費するので，必ずスタックを使い尽くします．スタックオーバーフローになると強制終了となるので，そのときまで呼び出した回数（c）とそのローカル変数のアドレスを表示しつづけます．

```
void f(int c) {
    fprintf(stderr, "c=%d, %p\n", c, &c);
    f(c+1);
}
```

注意：もう少し 1 回の関数コールのスタック消費量を増やすと，呼び出し回数が少なくなります．

　組込みプログラミングや Linux カーネルプログラミングでは，利用できるスタック領域がたかだか 4096 バイトに限定されていることが多いです．このような場合は，ローカル変数で配列を宣言することはおろか，再帰関数すら利用させてもらえないことがあります．そうでなくても，スタック領域は限られた貴重な資源なので，無駄使いしないように心がけましょう．

メモリ保護

　スタックオーバーフローでは，どのようにスタック領域を消費しつくしたと判定しているのでしょうか？

実は，オペレーティングシステムがスタック領域の前後にメモリ書込みを禁止した領域を確保し，その領域に書き込もうとすると，**セグメンテーション違反**（segmentation fault）になるようにしています。関数呼び出しは，ローカル変数や制御情報の書込みが必要なので，スタック領域外ではメモリ保護違反として検出されることになります。だから，厳密な意味でスタックオーバーフローなのか，他のメモリ保護違反なのかそれだけでは判定できません。デバッガの バックトレース （問題 4.13）を使うと一発でわかります。

オペレーティングシステムは，C プログラムによる間違ったポインタ操作を防ぐためのメモリの保護機能を提供してくれます。標準的には以下のようにメモリ保護されています。

- カーネル領域—読み書き禁止
- テキスト領域—書込み禁止 (実行許可)
- 静的領域，スタック領域，ヒープ領域—原則すべて許可（一部，実行禁止）

セグメンテーション違反は，C プログラミングで最も忌み嫌われるバグの一種です。しかし，考え方によってはメモリ保護機構のおかげで，コードやデータは間違ったポインタ操作から守られています。もし保護機構がなければ，実行時にコードやデータを気づかないうちに書き換えてしまって，「ソースコードの上では代入していないのに変数の値が変わっている」みたいな悪夢のバグになります。そうなってしまったら，もうプログラミングをやめたくなる気分になるでしょう。

よくあるポインタ操作の誤りは，初期化していないポインタ参照です。これがたまたま，ヒープ領域やスタック領域を指していると，値が予期せず書き換えられています。ちゃんと NULL ポインタで初期化していると，そこはカーネル領域なので，必ずセグメンテーション違反となり，誤操作を防げます。だから，必ず NULL や 0 で初期化するようにしている訳です。

4.13　セグメンテーション違反の原因

セグメンテーション違反やバスエラーは，**デバッガ**（debugger）を使って原因追跡します。

問題 4.13: 関数 upper(n) は，文字列を英大文字に変換する関数である。

```
char* upper(char str[]) {
   int size = strlen(str);
   for(int i = 0; i < size; i++) {
      if(islower(str[i]) {
         str[i] = toupper(str[i]);
      }
```

```
        }
        return str;
}
int main()
{
        char msg[20] = {'h', 'i', '\n', '\0'};
        printf("%s\n", upper(msg));
        printf("%s\n", upper("hello,world"));
        return 0;
}
```

残念ながら，上のプログラムを実行してみたらクラッシュした。クラッシュの原因をデバッガを用いて特定せよ。

解 説

セグメンテーション違反やバスエラー（bus error）によるクラッシュは，（初学者にとって）恐怖のバグです。なぜなら，ソースコード上では正しいCプログラムに見える上，クラッシュのため printf() の出力も不安定になるからです。ちなみに，セグメンテーション違反とバスエラーはそれぞれ定義上は異なる原因となっていますが，どちらも不正なポインタ操作によるメモリエラーという点では区別する必要ありません。

セグメンテーション違反やバスエラーが発生したら，つぎの事項を再度チェックし直してみてください。

- 変数や配列の初期化をする（→ 初期化の忘れがないか確認する）
- 配列の境界を超えない（→ アサーション（assert）を加える）
- メモリ領域を意識する（→ ヒープに変えて動作するか？）
- 型安全でないキャストに注意する（問題5.6も参照）

経験上，これらのチェックポイントを正しく実践していれば，残る原因は，NULLポインタの脱参照化か，ライブラリ関数の誤使用くらいしかありません。

チェックポイントと併せてデバッガを併用すると，セグメンテーション違反の原因に迫れます（むしろデバッガなしでは，まず原因の特定はできません）。

まず，デバッガを有効に利用するためには，ソースコードなどのデバッグ情報を付加してビルドし直します。これは，コンパイラのオプションに -g を追加することで行います。

```
$make prog -CFLAGS='-g'
  cc -g    prog.c    -o prog
```

つぎに，デバッガコマンドからビルドしたコマンドを立ち上げます。Clangの場合は lldb,

106   4. ポインタ

GCC の場合は **gdb** がデバッガコマンドです。

```
$ lldb prog
(lldb) target create "prog"
Current executable set to 'prog' (x86_64).
(lldb)
```

デバッガは，デバッガコマンドを用いて，対話的にプログラムの実行とバグの原因追跡を行うツールです。機能は豊富ですが，表 4.2 のコマンドを使うだけでほとんどの問題は解決します。

表 4.2　デバッガコマンド

コマンド	意　　味
r	プログラムの実行
bt	バックトレース
up	コールスタックを上に進む
down	up の逆の操作
p 変数名	変数の値を表示
p *変数名	ポインタの値を表示
p &変数名	変数のアドレスを表示
b 行番号	ブレークポイントの設定
b 関数名	ブレークポイントの設定
c	継続実行
n	つぎに実行を進める
s	ステップ実行（関数内）
q	デバッガの終了

最初にやることは，とりあえず r をコマンド入力してプログラムを実行し，クラッシュの状態を調べてみることです。

```
(lldb) r
Process 2620 launched: '/Users/kimio/Git/mytex/cbook/prog' (x86_64)
Process 2620 stopped
* thread #1: tid = 0xfd7a1, 0x0000000100000e72
    prog`upper(str="hello,world") + 98 at prog.c:7,
    queue = 'com.apple.main-thread',
    stop reason = EXC_BAD_ACCESS (code=2, address=0x100000fa8)
    frame #0: 0x0000000100000e72 prog`upper(str="hello,world") + 98 at prog.c:7
   4        int size = strlen(str);
   5        for(int i = 0; i < size; i++) {
   6            if(islower(str[i])) {
-> 7                str[i] = toupper(str[i]);
   8            }
   9        }
   10       return NULL;
```

4.13 セグメンテーション違反の原因

デバッガは，感心するくらい詳細な情報を提供してくれます．クラッシュしたときは，その位置をソースコード上の行番号と共に教えてくれます（無限ループを強制終了しても同じように示してくれます）．このとき，p コマンドで変数名を指定すると，クラッシュした状態の変数値も表示してくれます．

```
    p str
(char *) $0 = 0x0000000100000fa8 "hello,world"
(lldb) p i
(int) $1 = 0
(lldb)
```

どうやら，配列境界を超えて参照したのが原因ではないみたいです．原因調査する対象を，関数の呼び出し元に広げていきます．

バックトレース (bt) は，関数のコールスタックの情報を見るコマンドです（もしバックトレースの表示に時間がかかり，膨大にトレースが吐き出されたら，それはスタックオーバーフローです）．

```
(lldb) bt
  * frame #0: 0x0000000100000e72 prog`upper(str="hello,world") at prog.c:7
    frame #1: 0x0000000100000ef5 prog`main at prog.c:17
(lldb)
```

コールスタックを確認すると，main 関数の 17 行目から，upper 関数を呼び出したときにクラッシュしています．このとき，関数コールの引数 "hello,world" の値も表示されて重要なヒントとなります（もし関数内で引数に代入していると，正確な呼び出し情報が得られなくなります）．

up コマンドは，コールスタックを一つ上のフレームに進めます．つぎのように，関数の呼び出し元の情報を表示します．

```
(lldb) up
   14    {
   15        char msg[20] = {'h', 'i', '\0'};
   16        printf("%s\n", upper(msg));
-> 17        printf("%s\n", upper("hello,world"));
   18        return 0;
   19    }
```

どうやら，"hello,world" を引数に渡しているとき，クラッシュしているようです．このように，デバッガを使うと，バグの原因を特定するヒントが得られます．ただし，最後にデバックするのは人間なので，C 言語を正しく理解することも大切になってきます．

本問題の答えは，最初から気づいている人も多いでしょう．"hello,world" のデータは

「テキスト領域」と呼ばれる書込み禁止領域に確保されています。したがって，`str[i] = toupper(str[i]);` で変更しようとすると，セグメンテーション違反になってしまうわけです。一方，文字列 `msg` はスタック領域のメモリなので，正しく変更することができています。

デバッガは便利ですが，なんでもデバッグできるわけではありません。ポインタのバグは，プログラムが大きくなると複合的に依存し合って，デバッガでも原因追跡が難しくなります。そのため，関数単位で確実にテストして，動作検証を重ねていくことも大切です。バージョン管理システムを導入し，動作確認ずみのコードとバグが発生したコードを比較しやすくするのも，有効かつ実践的な開発手法といえます。どうしようもなくなったら，コードを捨てることになりかねません。捨てるコードは最小限にしましょう。

4.14 関数ポインタ

関数ポインタは，関数定義をポインタ参照から呼び出す機能です。使いこなせば，もう一段高いプログラム抽象化が可能になります。

★★★

問題 4.14: 関数 `apply(s, f)` は，文字列 `s` と関数 `f` を引数として受け取り，文字列 `s` の各文字を関数 `f` を適用して書き換える関数である。例えば，`ctype.h` の関数 `toupper()` を `apply(s, toupper)` のように渡すと，文字列 `s` が英大文字に変換される。
(1) このような `apply(s, f)` を定義する
(2) `apply(s, f)` を用いて，文字列 `s` 内の数字をすべて X に変換し読めなくせよ

解　　説

ポインタは，メモリ上のデータを参照する手段として使ってきました。C 言語では，特殊なデータとして関数定義自体をポインタの参照先とすることができます。このようなポインタを**関数ポインタ**（function pointer）と呼びます。

関数ポインタを扱うときは，関数の型付けが必要です。まず，つぎの関数定義とその型を考えてみましょう。

```
int mul(int a, int b) {
    return a*b;
}
```

関数 `mul(a,b)` は，`int` 型の引数を二つ受け取り，`int` 型の値を戻します。関数 `mul` の型は，

4.14 関数ポインタ

写像（→）を用い，(int, int) ↦ int や int → int → int のように表すことが多いです。C 言語では，風変わりですが，関数ポインタの型としてつぎのように書きます。

```
int (*)(int, int)
```

この関数ポインタ型の変数を使いたいときは，これも風変わりな記法になるのですが，つぎのように (*) の箇所に変数名を書きます。

```
int (*)(int, int) f = mul;  // 誤
int (*f)(int, int) = mul;   // 正
```

関数ポインタの利点は，関数が変数化（パラメータ化）できる点です。例えば，同じ関数のポインタ型をもった add(int, int) が定義されていたとすると，つぎのように変数 f に代入できます。

```
f = add;
```

関数ポインタの変数は，特別な脱参照化をすることなく，ふつうの関数呼び出しと同様に関数を呼び出すことができます。

```
f(1,2);
```

さて，関数ポインタを使って，問題の apply(s,f) を定義していきましょう。まず，apply() の引数で渡される関数は，int → int なので，int (*f)(int) と宣言します。変数 f は，そのまま関数として関数内部で利用することができます。

```
void apply(char s[], int (*f)(int)) {
   int size = strlen(s);
   for(int i = 0; i < size; i++) {
      s[i] = f(s[i]);
   }
}
```

いったん，上のような apply 関数を定義してしまえば，何度も同じようなループを書くことから解放され，ループ内の個別処理だけに集中できます。

文字列 s 内の数字を X に置き換えて読めなくするのなら，つぎのように文字変換の関数のみ定義します。

```
int undigit(int c) {
   if('0' <= c && c <= '9') {
      return 'X';
   }
   return c;
}
```

あとは，apply(s, undigit) すれば，すべての配列要素に対して文字変換が適用されます。

このような関数ポインタを使えるようになると，プログラム抽象化のバリエーションが大幅に上がります．記法が風変わりであるためなんとなく避ける人が多いですが，このあとの章でも，関数ポインタを使った演習が登場しますので，ぜひ使いこなせるように練習してみてください．

4.15 ま と め

この章では，ポインタ操作を安全に利用するための技法を練習しました．最後に，ポインタに悩んだときのために，アドバイスをまとめておきたいと思います．

- ポインタがなんだったのか忘れたら，「ポインタは URL 値を取り出すには，ダウンロード（脱参照化）が必要」と思い出す
- ポインタは，参照先のデータが並んでいるときだけ，配列として操作することができる
- ポインタ演算（p++）などは，無理して覚える必要はない（覚えたら，余計なトラブルを招くかもしれない）
- メモリ領域ではまったら，最も安心して使えるヒープに書き換えてみる（メモリリークより，まずはセグメンテーション違反を避ける）
- セグメンテーション違反は，デバッガを使って原因を特定する
- 変数を変更していないのに，変数が勝手に変更される現象が現れたら，コードを捨てて書き直す

5 Cを超える

C Programming

　C言語は，歴史の古い言語です。そのため，言語設計された当初は問題でなかったことも，あとから不都合であることがわかりました。それらの不都合を改善していく形で，新しいプログラミング概念が生まれ，C++やJavaなどのモダンなプログラミング言語が開発されてきました。現在なお，C言語が広く利用されている理由は，シンプルさと柔軟さのため，新しい概念をCプログラミングに活用できたからです。

　本章では，C言語をよりよく理解するため，プログラミング言語設計に関する話題を問題形式でまとめてみました。C言語を使ったパズルみたいなものですが，プログラミング上達のヒントになればと思います。

5.1　マクロと言語拡張

マクロは，簡単な言語拡張機能を提供し，C言語を少しだけ使いやすくすることができます。

★★★

問題 5.1: 最大値を戻す max 関数を，2引数のときも，3引数のときも，同じ関数名で利用できるようにせよ．

```
max(a,b)
max(a,b,c)
```

【ヒント】 可変引数 とマクロを使う

解　　説

C++やJavaなど多重定義可能な言語を使うと，同じ名前で多重定義できます．

```
int max(int a, int b) {
   return a > b ? a : b;
}
int max(int a, int b, int c) {
   return max(max(a,b), c);
}
```

C言語は，同じ名前の関数を定義することができないので，引数の数を関数名につけて区別しなければなりません．

```
int max2(int a, int b) {
   return a > b ? a : b;
}
int max3(int a, int b, int c) {
   return max2(max2(a,b), c);
}
```

ソフトウェアテストの観点から，C言語のほうが明快でわかりやすいという人もいますが，多重定義に慣れると別名を考えるのもかなり苦痛です．

ところで，`printf()`を思い出してみると，引数の数や型が異なっても同じ関数名で呼び出せています．これは，C言語の可変引数 `stdarg.h` を利用しているからです．

使い方は，関数定義において，引数の最後に...と書いて可変引数であると宣言します．関数側からは，...のところの引数は，`va_list` 型のデータとして取り出して参照します．

```
#include<stdarg.h>
int printf(const char *fmt, ...) {
   va_list vargs;
   va_start(vargs, fmt);
   ...
   va_end(vargs);
   ...
}
```

可変引数の値は `va_arg()` を使って，コールスタックから取り出します．つぎのように型名を与えることで，指定された型として値が順番に取り出せます．

```
int n = va_arg(vargs, int);
double f = va_arg(vargs, double)
char *s = va_arg(vargs, char *);
```

関数 `max()` の定義でも，この可変引数を利用してみます．注意する点は，引数の個数です．`printf()` では，`"%d%f%s"`のように書式を与えることで，可変引数の型と個数を伝えていました．`max()` の場合は，別の手段で伝える必要があります．ここでは，配列の長さを伝えるのと同じく番兵を使ってみます．例えば，`INT_MIN` が来たら，可変引数の終端とします．

```
#include"mymagic.h"
#include<stdarg.h>
int _max(int a, ...) {
   int maxvalue = a;
   va_list vargs;
   va_start(vargs, a);
   for(int v = va_arg(vargs, int); v != INT_MIN; v = va_arg(
      vargs, int)) {
```

```
        if(v > maxvalue) {
            maxvalue = v;
        }
    }
    va_end(vargs);
    return maxvalue;
}
#define max(...) _max(__VA_ARGS__, INT_MIN)
```

ポイントは，関数名を max とは違う別名で定義しておき，マクロ max で再定義するところです。マクロも可変引数を展開する__VA_ARGS__を使い，可変引数を展開しますが，最後にかならず終端を意味する INT_MIN が来るようにしておきます。こうすることで，マクロの利用者は，引数の終端を気にすることなく使えるようになります。

プリプロセッサ

マクロは，C 言語の文法の外側にあり，プリプロセッサがコンパイル前にソースコードを変形（transform）する処理に基づいています。そのため，C 言語の文法すら拡張する能力をもちます。例えば，いわゆる「ループの基本パターン」も，マクロで定義しておけば：

```
#define REP(i,n) for (int i=0;i<(n);i++)
```

プログラム中では，あたかも新しい言語構文のように利用することができます。

```
    REP(i, n) {
        REP(j, n) {
            ...
        }
    }
```

マクロを覚えると，自分の言語をつくっている感覚になるから，ついつい多用したくなります。しかし，あまり病的にマクロを多用しすぎると，コードの可読性が著しく下がりますので，自制心をもって利用してください。

さて，問題 5.1 は，もともとプログラミング技術に関する海外コミュニティサイトである「Stack Overflow（スタックオーバーフロー）」での質問でした。海外のプログラマが選んだベストアンサーは，関数 max2, max3 を定義して，つぎのようなマクロを書くことです。なにをやっているかわかりますか？

```
#define GET_MACRO(_1,_2,_3,NAME,...) NAME
#define max(...) GET_MACRO(__VA_ARGS__, max3, max2)(
    __VA_ARGS__)
```

可変引数を展開したとき，前の三つをダミーとして捨て，4 番目の引数の位置に来るシンボルを関数名として選択しています。

細かい技法になりますが，マクロ展開をソースコード上で確認する方法があります．コンパイラオプション-Eを追加し，`cc -E file.c`のように実行すると，プリプロセッサがマクロ展開したソースコードを見ることができます．もしマクロで悩むことがあったら試してみてください．

5.2 不 変 性

不変性 (immutability) は，現代のプログラミングにおいて，堅牢なプログラムの開発，並列性の解析において活用されるプログラミング概念です．プログラム内で変更されない箇所は，「不変である」ことを宣言しましょう．

問題 5.2: 構造体 point がつぎのように宣言され，初期化されているとする．

```
struct point {
    int x;
    int y;
};
struct point O = {0, 0};
struct point *p = &O;
```

つぎのような不変性をもった struct point 型のポインタ変数を宣言する方法を述べよ．

不変性 (1) ポインタ変数への再代入をできなくする．つまり，つぎのような操作はエラーとする

```
p = NULL;
```

不変性 (2) 構造体のメンバを不変にし，代入できなくする．つまり，つぎのような操作はエラーとする

```
p->x = -1;
```

【ヒント】 変数宣言時に const 修飾子を適切に使う．

解　　説

不変性 (1) は，Java 言語の final 修飾子に相当するものです．定数ポインタとも呼ばれます．struct point * の代わりに，struct point *const を使うと，定数ポインタになります．

```
struct point *const p = &O;
...
```

5.2 不　変　性

```
        p = NULL;
```

コンパイラも再代入しようとすると，つぎのようにエラーを出力します。

```
mutable.c:19:5: error: cannot assign to variable 'p' with const-
qualified type 'struct point *const'
        p = NULL;
        ~ ^
mutable.c:18:22: note: variable 'p' declared const here
        struct point *const p = &O;
                            ~~~~~~~~~~~~~~~~~~~~~~~~~~~
```

ちなみに，配列はポインタ変数と同じく参照なのですが，ポインタ変数のように再代入できません。配列は，より正確にいえば，「ポインタ定数であった」ということになります。

不変性 (2) は，いわゆる「オブジェクト不変性」といわれるものです。ポインタが参照するオブジェクト（構造体や配列）の要素を変更しないようにするものです。

こちらは，おなじみのポインタ変数を宣言する前に const 修飾子を付けることで実現されます。

```
        const struct point *p = &O;
        ...
        p->x = -1;
```

コンパイラも，要素 x に代入しようとすると，つぎのようにエラーを出力します。

```
mutable.c:17:7: error: cannot assign to variable 'p' with const-
qualified type 'const struct point *'
        p->x = -1;
        ~~~~ ^
mutable.c:12:22: note: variable 'p' declared const here
        const struct point *p = &O;
                            ~~~~~~~~~~~~~~~~~~~~~~~~~~~
```

オブジェクトの不変性は，変更されないという特性を生かして，プログラムの最適化や並列性の解析に利用できる優れた特性です。しかし，C 言語は（型安全性が保証されないため）キャストすることで，不変性を引き剥がして変更できます。

```
        const struct point *p = &O;
        ...
        ((struct point*)p)->x = -1;    // OK
```

そういうわけで，本当の不変性は保証されません。ただし，論理的に変更してはいけない箇所で，ポインタ変数を const しておけば，うっかり変更してしまうバグを防ぐことができます。また，他の人が宣言した const 修飾子は，「変更するな」といっているのだから，勝手に剥がさないようにしましょう。

5.3 脆 弱 性

本書では，学習者が目指すべきは，「読みやすく，コンパクトかつ実行性能のよいコード」としてきました。ソフトウェアをつくるときは，これだけでは足りません。

- セキュアなコード（脆弱性がない）
- 堅牢なコード（エラー処理がしっかりなされている）

誰も好き好んで脆弱なコードを書く人はいませんが，思わぬところに落とし穴は潜んでいます。

問題 5.3: つぎは，ユーザが入力した名前を文字配列に格納するコードである。

```
char buf[20] = {0};
printf("Name? ");
scanf("%s", buf);
```

残念ながら，このコードは致命的な問題点がある。問題点を指摘し，修正方法を考えよ。

【ヒント】 代表的な脆弱性に バッファオーバーラン があります

解　説

本書では，scanf() は（ポインタを習うまでは）ユーザの入力から値を読み込む「決まり文句」と扱っていました。その実体としては，与えられた書式（"%d"や"%lf"）はポインタ型と対応づけられていたわけです。同様に，"%s"は char * 型 と対応づけられています。配列 buf は char * 型なので，問題文のコードは文法上は問題ありません。しかし，「配列とポインタ」の解説にあったとおり，char * 型は配列のサイズまで伝えることができません。したがって，もしユーザが入力した文字が 19 文字を超えると，配列境界を超えてしまいます。

古きよき時代は，「（実用的な想定範囲内で）十分に大きなバッファを確保しておけば問題なし」という対応をしていました。例えば，「80 文字以上の名前なんては見たことないでしょう」という具合です。

```
char buf[80] = {0};
printf("Name? ");
scanf("%s", buf);
```

現在は「性善説」によるアプローチは通じない時代です。悪意のある人間は，バッファオーバーラン（buffer overrun）を狙って，プログラムを乗っ取るためのコード（ウイルスやマルウェア）を送り込んできます。バッファより大きなデータで，コールスタック上の制御情報

を書き換えて，プログラムの制御を奪う攻撃です。

バッファオーバーランの原理は複雑で，本書の範囲を大きく逸脱しますので，興味のある人は，IPA セキュアプログラミング講座 や Wikipedia 記事の解説を参考にしてください。セキュリティに関する情報は最新であることが重要なので，Web の情報源はきわめて有用です。

プログラマが，バッファオーバーランを防ぐためにできることは，可能なかぎり安全なライブラリを選択することです。原則，配列のサイズ指定がない関数は使ってはいけません。

scanf("%s") は，標準入力（stdin）から 1 行読み込んで，そこから文字列を取り出しています。ファイル入力から 1 行読む fgets() を使って代用できます。

```
char buf[80] = {0};
printf("Name? ");
fgets(buf, sizeof(buf), stdin);
```

注意：scanf("%s") は，空白などを区切りにしています。もし同じように動作させたければ，strchr(buf, ' ') を組み合わせて，字句を切り出してください。

最後に，代表的な危険な関数とそのセキュアな置換えを紹介しておきます。

- gets → fgets
- sprintf → snprintf
- strcat → strncat
- strcpy → strncpy

世の中からいつまでも脆弱性のあるコードがなくならないのは，「教員が学校で危険な関数を使って教えているからだ」と非難されることがあります。ぜひ，安全なコードを書く意識と習慣を身に付けていってください。

5.4 文字列の連結

C 言語は，文字列を「文字どおり」文字の配列として扱っており，文字列を連結するにもひと手間もふた手間も必要です。

★★★

問題 5.4: 以下の問に答えよ。
  (1) 文字列と文字列を連結した文字列を作成せよ。
  (2) 文字列と数値（10 進数表記）を連結した文字列を作成せよ。

【例】 "Hello, " と "my friends." の連結："Hello, my friends."
【例】 "Pi: " と 3.14159 の連結："Pi: 3.14159"

解　説

文字列操作は，誰もが認める C 言語のウィークポイントです。C 言語以外のほとんどすべてのプログラミング言語において，文字列の連結は，演算子一つでできます。

```
"Hello, " + "my friends."
"Pi: " + 3.14159
```

C 言語では，ポインタ操作やメモリ管理を必要とし，簡単には書けません。

標準 C ライブラリ `string.h` は，文字列を連結するための関数 `strcat(s1, s2)` を用意しています。しかし，リファレンスマニュアルを読むと，`s1` の後ろに `s2` をコピーして連結すると解説があります。つまり，`s1` が参照している先のメモリが `s2` の長さ分だけコピーできるときだけ利用可能です。また，その場合も `s1` の文字列は書き換わってしまいます。だから，ほとんどの場合で `strcat()` は使いものになりません。

ところで，もし「文字列を連結して表示せよ」といわれたら，おなじみの `printf()` 関数を使うだけです。

```
printf("%s, %s", "Hello", "my friends.");
printf("%s: %f", "Pi",  3.14159);
```

このとき，出力先は標準出力ストリーム（stdout）となっているのですが，もし出力先を文字列バッファ `buf[n]` に切り替えることができたら…。この願いを叶えてくれるのが，`snprintf()` です。使い方は，つぎのとおり，出力先のバッファとその大きさを指定し，あとは `printf()` と同様に書式を使って文字列を連結できます。

```
char buf[BUFSIZ];
snprintf(buf, sizeof(buf), "%s: %f", "Pi",  3.14159);
```

これを一つ覚えるだけで，文字列操作はずいぶん楽になります。

5.5　共用体とキャスト

諸悪の根源「ポインタのキャスト」についての問題です。キャストは便利なのですが，プログラムの信頼性のより所である型安全性を崩壊させます。どういうところに問題があるのか，正しく理解して使いましょう。

問題 5.5: double 型の浮動小数点数 d をビット表示せよ。

【例】　$d = 3.14159$ の場合

0100000000001001001000011111100111110000000110111000011001101110

5.5 共用体とキャスト

【例】 $d = -1.0$ の場合

1011111111110000000000000000000000000000000000000000000000000000

【ヒント】 共用体，もしくはポインタのキャストを用いる

解　説

浮動小数点数は，IEEE 754 規格で決まった形式でビット表現されています。それを整数の 2 の補数表現（問題 2.5）と同様に表示してみようという問題です。ただし，浮動小数点数は，ビット演算子がないため，ビット演算子のある整数として操作しなければなりません。問題は，「どうやって浮動小数点数を整数としてビット操作するか？」に言い換えられます。

まず，ストレートにキャストしてみる方法を考えましょう。double 型は 64 ビット長なので，64 ビット整数（int64_t 型）にキャストしてみます。

```
double d = ...;
(int64_t)d;
```

しかし，このように単純にキャストしてしまうと，浮動小数点数 d は小数点以下が切り捨てられ，整数に値変換されてしまいます。実際に，変換後のビット表示してみても，整数の表現になっています。

3.141590

0000000000000000000000000000000000000000000000000000000000000011

-1.000000

1111111111111111111111111111111111111111111111111111111111111111

浮動小数点数のビット列を取り出すためには，値変換を伴わない形で整数として扱う必要があります。

上品な方法は，共用体（union）を使う方法です。共用体は，複数の型で共用するデータ領域を定義します。つぎのように union 型を定義すれば，double 型，または uint64_t 型という意味になります。

```
union num64 {
    double d;
    uint64_t u;
};
```

構造体と同じようにメンバを参照できますが，各メンバは実体として同じメモリを共有します（メンバ名は，型を区別するために利用しているわけです）。

```
double d = ...;
union num64 = {d};
printf("%ulld", num64.u);
```

```
printf("%f", num64.d);
```

したがって，`num64.u` は，`uint64_t` 型として，浮動小数点数が記録されたメモリを参照することができるわけです（`const` を付けておけば，不正な書き換えも防げるのでより安全になります）。

野蛮な方法は，ポインタのキャストを使う方法です。ポインタのキャストは値変換を伴いません。なぜなら，ポインタは，何型であれ，アドレス参照だからです。したがって，参照先のデータはそのまま，見かけ上の型だけだますことができます。

つぎは，変数 d のポインタ参照を `&d` によって獲得し，ポインタのキャストで `uint64_t` 型と騙しています。

```
double d = ...;
uint64_t *p = (uint64_t *)(&d);
uint64_t u = *(p);
```

「だましている」というネガティブな表現を使っている理由は，これは（後述の）型安全性を破壊しているからです。例えば，もし `double` 型を `char *` にキャストしてしまえば，文字配列として自由に操作でき，浮動小数点数としては正しくない値もつくれてしまいます。

```
double d = ...;
char *p = (char *)(&d);
p[0] = 0;
```

プログラミング言語の型システムは，データ構造とその演算子をセットにして，不正なデータ操作を防ぐ目的で導入されています。つまり，浮動小数点数なら浮動小数点数の演算子，配列なら配列の演算子，構造体なら構造体の演算子のみ使えるように制限し，正しいデータ操作しか認めないようになっています。このような性質を，**型安全性**（type safety）と呼び，現代プログラミングのプログラム信頼性の基盤をなす大原則となっています。

ところが，ポインタのキャストは，型安全性をまったく無視する操作です。そういうわけで，「ポインタのキャストは絶対に使ってはいけません」と禁止したいのですが，C 言語はポインタのキャストなしにはプログラミングできない箇所，例えば，`malloc()` のようにキャストして利用することが前提になったライブラリ関数が多くあります。

ポインタのキャストを書くときは，本当にそれをキャストして大丈夫か注意して使うようにしなければなりません。

5.6 部　分　型

ポインタのキャストは，型安全性を損ないます。ここでは，ポインタはどういう場合に安全にキャストできるのか，調べていきましょう。

> **問題 5.6:** 構造体 Point2d, Point3d が以下のとおり宣言されている。
> ```
> struct Point2d {
>     int x,y;
> }
> struct Point3d {
>     int x,y,z;
> }
> ```
> また，これらの構造体へのポインタ変数をそれぞれ 2d, 3d とする。このとき，(struct Point2d *)3d は型安全なキャストであるが，(struct Point3d *)2d は型安全でない。その理由を説明せよ。

【ヒント】 Point3d は，Point2d の部分型に相当

解　説

まず，型安全でないほうのキャストを考えてみましょう。
```
struct Point2d 2D = {1, 2};
struct Point3d *3d = (struct Point3d *)(&2D);
printf("x %d\n", 3d->x);
printf("y %d\n", 3d->y);
printf("z %d\n", 3d->z);
```
構造体 Point2d は，x, y のメンバしかないため，明らかに 3d->z は構造体のメモリ範囲外になります。配列境界を超えるのと同じく，きわめて危険な操作になってしまいます。

一方，(struct Point2d *)3d は安全です。Point3d の z の要素は参照できませんが，それ以外のメンバ操作は問題ありません。

ポインタがキャスト可能かどうかは，型同士の構造的な関係で決まります。型 S と T があったとき，構造的に見て T 型は，S 型のメンバを（順序も含め）すべて含んでいるとき，T は S の（構造的な）**部分型**（subtype），もしくは**派生型**であると呼びます。また，S を**基本型**（super-type）と呼びます。部分型の関係は，半順序を表す記号 <: を用いて，T <: S のように書きます。

struct Point3d* は，struct Point2d* の部分型といえます。構造体のメンバを見比べると，struct Point2d* が部分のような印象を受けますが，あくまでも型が実体化できる値の集合に基づいています。

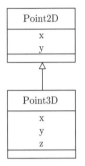

図 5.1 整列済みの配列のマージ操作

勘のよい人は，オブジェクト指向言語のクラスとサブクラスの関係に似ていると気づくでしょう。実際，C++ クラスで定義すると，つぎのように部分型の関係は，クラス継承関係となります（図 5.1）。

```
class Point2d {
    int x,y;
}
class Point3d : Point2d {
    int z;
}
```

ただし，C 言語が設計された時点では，構造的部分型付けやクラス継承などのプログラミング概念は未発達だったため，後出しジャンケン的な解説になっています。C 言語の仕様書でも「部分型」という用語は登場しません。

さて，ポインタのキャストは，部分型の関係性から分類できます。

- アップキャスト（upcast）—部分型 T から基本型 S へのキャスト
- ダウンキャスト（downcast）—基本型 S から部分型 T へのキャスト
- 愚かなキャスト（stupidcast）—S と T に部分型の関係がない場合のキャスト

アップキャストは，いかなるときでも型安全です。愚かなキャストは，いかなるときでも安全ではありません。問題は，ダウンキャストの安全性です。つぎのような場合を考えてみてください。

```
struct Point3d 3D = {1, 2, 3};
struct Point2d *2d = (struct Point2d *)(&3D);
struct Point2d *3d = (struct Point3d *)2d;
printf("x %d\n", 3d->x);
printf("y %d\n", 3d->y);
printf("z %d\n", 3d->z);
```

ポインタ変数 2d が参照しているデータは，もともと構造体 Point3d なので，この場合は，(struct Point3d *)2d のようにダウンキャストしても，安全といえます。

ダウンキャストの場合は，実行時にポインタの参照先がなんの型なのかによって，安全か型違反かが決まります。これを正確に判定したい場合は，動的型検査の機構が必要になりま

す（もちろん，C 言語には動的型検査の機構はありませんが，問題 5.7 では単純な型検査機構をつくってみます）。

ダウンキャストは，危ないから使わないほうがよいかといえば，void *型からのダウンキャストは避けられません。したがって，参照先の実体をしっかり確認して，ダウンキャストを書くしかありません。

5.7　型　検　査

セグメンテーション違反は，多くの場合，型安全でないポインタ操作が原因となります。したがって，実行時にデータの型を確認するのは，デバッグのためにも重要です。

問題 5.7: C 言語において，プログラム実行時に，動的型検査する方法を実現せよ。

```
void *o = ...;
if(instanceof(o, struct point)) {
    struct point *p = (struct point*)o;
}
```

もし可能であれば，上記のように instanceof でポインタ参照先の型を調べ，安全にダウンキャストできるようにせよ。

【ヒント】　問題 4.11 を参考。代わりに型情報をもたせる

解　　説

C 言語は，変数に型付けが必要です。しかし，この型付けはソースコード内に限定された型情報となっています。コンパイルされたコードやデータからは，型情報は消されています。だから，int *の参照先の値は int 型なのですが，実際のメモリの上では int 型であることを識別する情報はありません。

問題 5.6 で見たとおり，ダウンキャストのときは，プログラムの実行時にデータの実体がなんの型であるか知る必要があります。このための機構を**動的型検査** (dynamic type-checking) といいます。ちなみに，ソースコード上で実行前に実施される型検査を**静的型検査** (static type-checking) と呼びます。

動的型検査を実現するときは，メモリを確保するとき，型情報を追加する必要があります。ここでは，（ちょっと楽して）型情報を文字列でもつことにします。Tmalloc() と Tfree() は，型情報をヘッダにもたせたバージョンの malloc() と free() となります。

```
#define MAGIC 0xDeadBeef
```

```
struct header {
   size_t magic;
   const char *type;
};

#define Tmalloc(T) (T *)_Tmalloc(sizeof(T), #T)
void * _Tmalloc(size_t size, const char *type)
{
   struct header *h = (struct header *)malloc(sizeof(struct
      header) + size);
   memset(h, 0, sizeof(struct header) + size);
   h[0].magic = MAGIC;
   h[0].type = type;
   return (void*)(&h[1]);
}

void Tfree(void *ptr)
{
   struct header *h = (struct header *)ptr;
   assert(h[-1].magic == MAGIC);
   free(h - 1);
}
```

ヘッダは，問題 4.11 と同様にヘッダ分だけずらすようにします．先頭に，マジックナンバー magic を入れることで，型情報付きのメモリかどうか判定できるようにしています．

今度は，instanceof() を作成しましょう．型情報を取り出す関数 Tname() を用意してヘッダに埋め込まれた名前を得ます．instanceof() は単純に型名を比較して一致するかどうかで判定しています．

```
const char *Tname(void *ptr)
{
   struct header *h = (struct header*)ptr;
   assert(h[-1].magic == MAGIC);
   return h[-1].type;
}
#define instanceof(p, T) Tinstanceof(p, #T)

bool Tinstanceof(void *ptr, const char *type)
{
   const char *t = Tname(ptr);
   return t == type || strcmp(t, type) == 0;
}
```

マクロ定義の Tmalloc() や instanceof() の #T は，シンボルを文字列に変換する記法です．利用者は，つぎのように型名を書くと，マクロ展開時に文字列に変換されるようになり

ます。

```
struct point {
   int x, y;
};
struct list {
   int value;
   struct list *next;
};
int main() {
   struct point *p = Tmalloc(struct point);
   printf("Type name: %s\n", Tname(p));
   printf("Is struct point?: %d\n", instanceof(p, struct point
      ));
   printf("Is struct list?: %d\n", instanceof(p, struct list))
      ;
   Tfree(p);
   return 0;
}
```

これで，Tmalloc()，Tfree() に入れ替えるだけで，型情報を追加して，実行時に確認できるようになりました。しかし，instanceof() は，単純な名前ベースの型検査であるため，いろいろ限界があります。

C 言語では typedef を使えば，別名を定義できます。つぎは，typedef によって，構造体 struct point を Point の別名で定義している例です。

```
struct point {
   int x, y;
};
typedef struct point Point;
```

Point と struct point は構造的に同じ型ですが，名前が違うために instanceof() ではうまくチェックできません。実用度を上げるためには，もう少し頑張ってつくり込む必要があります。しかし，型名が実行中に確認できるだけでかなりデバッグしやすくなります。ぜひ，活用してください。

5.8 オブジェクト指向への道

Bjarne Stroustrup は，初期の C++（C with Classes）をいったん C ソースコードに変換し，C コンパイラで動作させていました。このように，オブジェクト指向プログラミングは考え方であり，C 言語でも実現できるものがあります。

126   5. C を超える

> ★★★★
>
> **問題 5.8:** つぎは，クラス継承（Java 言語）によるポリモーフィズム（polymorphism）の例である。Shape 型のオブジェクト s は，s.area() と呼ぶことで，それぞれの部分型（Triangle, Circle）に適した方法で面積を計算するようになっている。
>
> ```
> abstract class Shape {
>    abstract double area();
> }
> class Triangle extends Shape {
>    double width;
>    double height;
>    double area() {
>       return width * height / 2.0;
>    }
> }
> class Circle extends Shape {
>    double radius;
>    double area() {
>       return 3.14159 * radius * radius;
>    }
> }
> ```
>
> C 言語においても，area() を呼び出すことで，部分型の種類ごとに面積を計算する方法を実現せよ。

解　　説

オブジェクト指向プログラミングの魅力は，**動的束縛** (dynamic binding) による**ポリモーフィズム**（polymorphism, 多態性）の提供です。抽象化された型に対するプログラミングで，部分型のふるまい（動作）を変えることができます。

静的束縛は，コンパイル時に関数名から実行する関数を決定するのに対し，動的束縛は，実行時に関数を決定する機構です。問題 5.7 で作成した instanceof を使うなら，動的型検査とキャストを組み合わせて型に応じた処理を追加できます。

```c
double area(Shape *p)
{
   if(instanceof(p, struct Triangle)) {
      struct Triangle *t = (struct Triangle *)p;
      return t->width * t->height / 2.0;
   }
   if(instanceof(p, struct Cicle)) {
      struct Circle *c = (struct Circle *)p;
      return 3.14159 * c->radius * c->radius;
```

```
      }
      ...
}
```

しかし，この方法は型の種類が増えてくると分岐コストが大きくなり，あまり賢くありません。

そこで，構造体に関数ポインタをもたせることで，より効率のよく動的束縛を実現します。

まず，共通する構造体 Shape を宣言し，そこに共通の関数となる area を関数ポインタの変数として定義します。area は，引数として自己参照（this, self に相当）を受け取るようにします。

```
typedef struct Shape {
    double (*area)(struct Shape *this);
} Shape;
```

構造体 Triangle, Cicle は，構造体 Shape の部分型として宣言します。確実に部分型にするためには，構造体の先頭に Shape を含めます。

```
typedef struct Triangle {
    struct Shape super;
    double width;
    double height;
} Triangle;

typedef struct Circle {
    struct Shape super;
    double radius;
} Circle;
```

つぎに，関数ポインタ area の実体となる関数をそれぞれ構造体 Triangle, Cicle 用に準備します。

```
double Triangle_area(Triangle *this)
{
    return this->width * this->height / 2.0;
}

double Circle_area(Circle *this)
{
    return 3.14159 * this->radius * this->radius;
}
```

これで，型に関する準備はおしまいです。

つづいて，**コンストラクタ** (consturctor) に相当するオブジェクトの生成関数をつくります（オブジェクト指向言語では，配列や構造体などメモリ上のデータは，**オブジェクト** (object) と呼びます）。動的にメモリ確保したのち，height, width などのメンバを初期値を設定す

るだけでなく，`super.area`などの関数ポインタも設定します。

```
Triangle* newTriangle(double w, double h) {
  Triangle *triangle = Tmalloc(Triangle);
  triangle->super.area = (double (*)(Shape *))Triangle_area;
  triangle->height = w;
  triangle->width = h;
}
Circle* new_Circle(double r) {
  Circle *circle = Tmalloc(Circle);
  circle->super.area = (double (*)(Shape *))Circle_area;
  circle->radius = r;
  return circle;
}
```

これで，オブジェクトが生成できるようになりました。

構造体`Triangle`, `Circle`は，構造体`Shape`の部分型になるように宣言してあります。したがって，構造体`Shape`に安全にアップキャストすることができます。

アップキャストしてから，`area()`を呼び出すと，関数ポインタによる動的束縛のスマートさが実感できるでしょう。

```
Shape *s1 = (Shape*)new_Triangle(10.0, 12.0);
Shape *s2 = (Shape*)new_Circle(18.0);
printf("%s: area=%f\n", Tname(s1), s1->area(s1));
printf("%s: area=%f\n", Tname(s2), s2->area(s2));
```

最後に，関数ポインタによる動的束縛版の`area()`関数を定義しておきましょう。最初に，定義した`instanceof`版`area()`関数と比較してください。

```
double area(Shape *p)
{
  return p->area(p);
}
```

オブジェクト指向プログラミングのポリモーフィズムは，データ構造の設計と併せて，非常に抽象化された見通しのよい操作を定義することができます。C言語でも，構造体（データ）に関数ポインタをもたせることで，同様な処理を書くことができます。だからといって，C言語でポリモーフィズムを頑張るのなら，1980年代のC++に逆戻りです。素直に，現在の進化したC++を使うことを検討すべきでしょう。

5.9 ガベージコレクション

ガベージコレクション (garbage collection, GC) は，実行時に利用されなくなったメ

モリを検出し，自動的に解放する機構です。ここでは，最も簡単な参照カウント方式の GC をつくってみましょう。

> ★★★★★
>
> **問題 5.9:** 参照カウント方式のガベージコレクション（GC）とは，ポインタ変数から参照されている回数を数え，0 回になったら free() する方式である。問題 4.11 を拡張し，参照カウント方式による GC を実装せよ。

【ヒント】 ヘッダに refc 参照カウントとメモリ解放時に呼ばれる関数ポインタ cleanup を追加する

解　説

メモリリークは，C プログラミングの最大の課題です。教科書では，「malloc() したときはメモリリークを防ぐため free() を忘れない」と注意されますが，理論的にはすべての「確保した資源」をいつまで利用するか予想することは不可能です。つまり，free() するタイミングがわからないケースは多くあります。メモリリークは，プログラマが注意すれば回避できる問題ではありません。

モダンなプログラミング言語は，なにかしらの GC の機能を備えています。C 言語は，前近代的な部分が残っている言語なので，自分で GC 相当の機能を追加する楽しみが残されています。この問題では，**参照カウント方式**（referencing counting）と呼ばれる最もシンプルな実装をします。

原理は簡単です。ポインタ変数 x に ポインタ v を代入することを考えます。

```
    x = v;
```

このとき，ポインタ v は x から参照されるため，参照カウント（参照数）が増えます。一方，もともと変数 x が参照していた値の参照カウントは減ります。この参照カウントの増加・減少する操作をする処理を代入の前に追加すれば参照カウント GC となります。ここでは，参照カウントは RCinc(), RCdec() で処理することにします。

```
    RCinc(v);
    RCdec(x);
    x = v;
```

参照カウントは，malloc() されたオブジェクトごとに数える必要があります。したがって，malloc() としたオブジェクトのヘッダに追加しておくとよいでしょう。このとき，あとから理由を述べますが，cleanup 関数も追加できるようにします。

```
#define MAGIC 0xDeadBeef
```

```
typedef void (*RCcleanup)(void *);
typedef struct RCheader {
   long magic;
   size_t refc;
   RCcleanup  cleanup;
} RCheader;
```

RCmalloc()は，参照数0でヘッダを初期化します．型情報も書き込んでいます．

```
static void * RCmalloc(size_t size, RCcleanup cleanup)
{
   RCheader *h = (RCheader *)malloc(sizeof(RCheader) + size);
   bzero(h, sizeof(RCheader) + size);
   h[0].magic = MAGIC;
   h[0].refc = 0;
   h[0].cleanup = cleanup;
   return (void*)(&h[1]);
}
```

RCinc()，RCdec()はヘッダを操作して，参照回数を増減しているだけです．参照カウント方式の特徴は，参照回数が0になったとき，free()してメモリを解放します．cleanup()は，解放されるメモリから参照されているオブジェクトを再帰的にRCdec()するために使います．こうすることで，内部参照のメモリも解放されるようになります．

```
static void RCinc(void *value)
{
   if(value == NULL) {
      return ;
   }
   RCheader *h = (RCheader *)value;
   assert(h[-1].magic == MAGIC);
   h[-1].refc += 1;
}
static void RCdec(void *value)
{
   if(value == NULL) {
      return ;
   }
   RCheader *h = (RCheader *)value;
   assert(h[-1].magic == MAGIC);
   h[-1].refc -= 1;
   if(h[-1].refc == 0) {
      if(h[-1].cleanup != NULL) {
         h[-1].cleanup(value);
      }
      free(h - 1);
   }
```

```
}
```

プログラマは，RCinc() や RCdec() を正しく呼び出せば，明示的に free() しなくても，どこからも使われなくなったオブジェクトは自動的に回収されるようになります。

参照カウント方式は，シンプルな GC として非常によく利用されます。しかし，つぎのような限界も知られています。

- 代入ごとに，参照カウントの増減とチェックが入り，性能的にうれしくない
- ローカル変数の参照カウントを忘れやすい
- 相互に参照し合うデータ構造（循環グラフ，双方向連結リストなど）では，相互参照で 0 にならない
- マルチスレッドプログラミングでは，参照カウントの一貫性が保証されない

もし参照カウント方式では，いまひとつ満足できない状況になったら，トレース方式の GC を利用することになります。トレース GC (tracing GC) は，グローバル変数，スタック，レジスタからポインタ参照されるオブジェクトを探索し，参照マークを付けます。そして，参照マークの付いていないオブジェクトをまとめて free() します。トレース GC は少し実装が難しくなりますが，Boehm, Demers, Weiser らがつくった保守的トレース GC のライブラリがあります。

- Boehm GC - http://www.hboehm.info/gc/

Boehm GC を使えば，少しのコードの修正で GC 対応のプログラムになります。ただし，Boehm GC やトレース方式の GC にも一長一短があり，GC の研究と実装は，John McCarthy が LISP 上で実装して以来，もう 40 年以上にわたりつづいています。ぜひ深遠なる GC の世界をのぞいてみたらいかがでしょうか？

5.10 例外処理

例外処理 try/catch は，大域ジャンプを利用したエラー処理機構です。C++ や Java など多くの言語でサポートされている定番機構ですが，残念ながら C 言語では未サポートです。ただし，try/catch と似たような処理を書くライブラリは存在します。

★★★★

問題 5.10: malloc 時のメモリ不足をエラーとして通知し，メモリ不足の処理をコンテキストに応じて，まとめて書けるようにせよ。

【ヒント】setjmp/longjmp を使う

解　説

　malloc()は，ヒープ領域が枯渇すると，メモリ不足としてNULLを返します。毎回のエラー処理を，OutofMemory()のように関数でまとめて処理するようにすると，どのようなコンテキスト（実行状況）であっても処理内容を変えることができません。

```
void *p = malloc(...);
if(p == NULL) {
    OutofMemory();
}
```

　例外処理try/catchは，try節を実行中に発生したエラー（例外exceptionとも呼ばれる）を補足し，catch節でエラー処理をまとめて書く機構です。try節ごとにエラー処理をコーディングできるため，コンテキストに応じてエラー処理を切り替えることができます。モダンなプログラミング言語では，定番な制御構造になっています。

```
try {
    /* プログラム本体 */
}
catch(OutOfMemoryError e) {
    /* 例外処理 */
}
```

　C言語は，残念ながら例外処理の制御構造をサポートしていません。標準Cライブラリのsetjmp.hが，例外処理の前史的な機能をライブラリ関数として提供しています。ただし，このライブラリを例外処理として使うためには，try/catchの制御機構がどうやって実現しているのか，おおまかに理解しておく必要があります。

　図5.2は，try/catchとコールスタックの状態を示しています。ポイントは，try節に達したときのスタックの位置（スタックフレームのレジスタなど）を覚えておくことです。try節を実行すると，関数コールごとにコールスタックは積まれていきます。しかしどのようなコールスタックの状態であっても，先ほど覚えていたスタックの位置にジャンプすれば，try

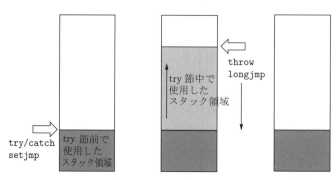

図 5.2　ス　タ　ッ　ク

5.10 例 外 処 理

節に入る前の状態で戻ることができます。

C言語で，コールスタックのレジスタを操作するのはたいへんです。標準Cライブラリの `setjmp.h` は，以下の二つの関数でコールスタックの操作を可能にしてくれます。

- `setjmp()` はスタックの位置を記録する関数（`try/catch` に相当）
- `longjmp()` は，記憶したスタックの位置にジャンプする関数（`throw` に相当）

通常，スタック領域は関数コールと `return` 文で制御されていましたが，`longjmp()` は複数の関数コールを抜け出す大域ジャンプになります。

`try/catch` を `setjmp()` で書き直していきましょう。`jmpbuf` は，`setjmp.h` に定義されたスタックを記録するデータ構造です。`longjmp` のときも利用するので，グローバル変数などで宣言し，関数を超えて共有できるようにしておきます。

```
jmp_buf jmpbuf;
```

`setjmp(jmpbuf)` のように使うと，`jmpbuf` にスタックの状態（レジスタ）を記録し，つねに 0 を戻します。ここが少しわかりにくいところですが，`setjmp` は `catch` の機構も兼ねています。つまり，`longjmp()` のときは，0 以外の値が戻ってくるため，`setjmp()` の戻り値で分岐するように書いておきます。

```
if(setjmp(jmpbuf) == 0) {
    /* プログラム本体 */
}
else {
    /* 例外処理 */
}
```

つぎは，メモリ不足によるエラー発生の処理の例です。メモリが不足すると，`malloc()` は失敗し，`NULL` を戻します。ここで，直接エラー処理を書かず，`longjmp()` を呼び出すようにします。

```
void *p = malloc(...);
if(p == NULL) {
    longjmp(jmpbuf, 1);
}
```

`longjmp()` が呼ばれると制御が飛んで，`setjmp()` の関数呼び出しの時点に戻ります。あたかもいま `setjmp()` が呼び出されたかのように振る舞います。ただし，今回は戻り値として `longjmp` で設定された 1 が戻ります。これによって，`try` 節か `catch` 節か実行すべきコードを区別するわけです。もちろん，原理的には `longjmp` の引数値でエラーの種類も区別することができます。

このように `setjmp()/longjmp()` を用いれば，簡易版の `try/catch` が利用できます。ただし，`setjmp()/longjmp()` では，`finally` 節に相当するリソース解放がありません。し

たがって，限定的な範囲で利用するのにとどめておいたほうがよいです．より一般化した例外処理を使いたいなら，やはり素直に C++ を使うのがよいでしょう．

5.11 まとめ

　C 言語は，非常に成功したプログラミング言語として，膨大な量のソースコードとプログラミング経験が蓄積されました．その中から，C 言語が設計された時点では気づかなかった新しい手法や概念が生まれました．

　さまざまなプログラミング言語の経験を積むことは，C プログラミングを極める上でも有効です．正直なところ，著者自身も Java を覚えたら，C 言語のポインタも苦労しなくなりました．ここでは，C 言語にプラスして学習するときの，オススメのプログラミング言語を紹介しておきます．

Java　　もし特定の用途や目的なくプログラミング技術を広げたいときは，Java がおすすめです．Java は，C 言語のプログラミングで苦労する難所（配列の境界，メモリ管理，ポインタ）がきれいに直された型安全なプログラミング言語です．Java は，事実上のオブジェクト指向プログラミングの標準といえます．ただし，Java 言語は優れた言語ですが，設計の古さも少しずつ目立ち始めています．

Python　　C 言語を非常に難しく感じているなら，Python を試してみてください．海外では，プログラミング初学者の入門用として一般的です．動的型付けシステムであり，C 言語のように型宣言をする必要がありません．また，コンパイルなしに対話的に動作させられるのも新鮮でしょう．豊富なライブラリがそろっており，すぐに実用的なプログラム開発に応用できます．ビックデータ解析や機械学習などの新しい分野でも期待が集まっています．

Haskell　　プログラミング言語自体に関心をもった場合は，C 言語とはまったく別のタイプの関数型プログラミング言語に挑戦してみるとよいでしょう．世の中には，いくつか興味深い関数型言語は存在しますが，Haskell は最先端のプログラミング技法が詰まった優れた言語です．手続き型プログラミング言語に慣れすぎると，Haskell を習得しにくくなるので，興味があるならお早めに．

6 システムプログラミング

C Programming

システムプログラミングは，いままで学んできたCPU（演算子）やメモリ（ポインタ，配列）の基本的な機能だけでなく，オペレーティングシステムが提供するさまざまな機能を使ったプログラミングです。システムプログラミングがカバーする領域は多岐にわたっています。

- コマンド，プロセス管理
- 入出力ストリーム
- ファイルシステム
- ネットワーク通信
- コンピュータグラフィック
- デバイス制御

システムプログラミングは，オペレーティングシステムが提供するシステム関数（API）のライブラリを利用します。難しいところは，このライブラリ関数がオペレーティングシステムに依存する点です。

本章では，まず標準Cライブラリによるオペレーティングシステムに依存しないシステムプログラミング（コマンド引数，ファイル入出力）を練習します。後半は，オペレーティングシステムの依存性を学び，クロスプラットホーム開発のコツを練習していきます。個別の事例は，章末のオープンソースライブラリの紹介も参考にしてください。

6.1 コマンド引数

まずは，main()関数の引数の仕組みを学んで，コマンドをつくってみましょう。

問題 6.1: つぎの仕様で動作する power コマンドを作成せよ。
(1) コマンドの第1引数の数値を x とする。第2引数の数値を y とする
(2) 累乗 x^y を小数点数表記で表示する（$y < 1$ のときは累乗根となる）

(3) 第2引数は省略可能で，省略した場合は $y = 2.0$ とする。

(4) (1) から (3) の挙動に反する場合は，エラーとする。

【例】コマンド実行例
```
$ power 3 3
27.000000
```

【例】コマンド実行例（$2^{0.5}$ は，平方根）
```
$ power 2 0.5
1.414214
```

【例】第2引数は省略可能（二乗となる）
```
$ power 3
9.000000
```

【例】正しくないコマンド引数の場合
```
$ power mac
Usage: power num [num]
```

解　説

コマンドプログラムは，オプションやファイル名などのパラメータ情報を指定して起動するものが多くあります。このようなパラメータは，「コマンド引数」と呼ばれ，C プログラム側からは main 関数の引数として受け取ることができます（いままでは，単に無視してきただけです）。

コマンド引数の情報は，文字列配列（argv）とそのサイズを表す（argc）で受け取ります。つぎは，受け取ったコマンド引数を順番に表示するサンプルです。

```
int main(int argc, const char **argv)
{
    for(int i = 0; i < argc; i++) {
        printf("argv[%d]: %s\n", i, argv[i]);
    }
    return 0;
}
```

注意すべき点は，最初の argv[0] は，コマンド引数ではなく，コマンド名が入っている点です。したがって，変数 argc はつねに argc > 0 です。

```
$ a.out -l --help file.txt
argv[0]: a.out
argv[1]: -l
argv[2]: --help
argv[3]: file.txt
```

原理がわかってしまえば，あとは簡単に問題のコマンドはつくれるはずです。

まず，コマンド引数の数をチェックします。これを忘れると，一発でクラッシュするので必ずチェックしてください。

```
if(argc == 1 || argc > 3) {
```

```
        printf("Usage: power num [num]\n");
        exit(EXIT_FAILURE);
    }
```

exit(EXIT_FAILURE) は，main 関数における return 1; と同じ意味ですが，main 関数外でもプログラムを強制終了させることができます。

コマンド引数の数が合っていたら，あとは文字列を strtod() を用いて double の値に変換します。数値に変換できない場合もありますので，エラー処理を加えています。関数 pow(x,y) は，便利なことに，y < 1.0 のときは，累乗根を計算してくれます。

```
static void usage() {
    printf("Usage: power num [num]\n");
    exit(EXIT_FAILURE);
}

static double strtod_or_die(const char *s) {
    double x = 0.0;
    char *r = NULL;
    x = strtod(s, &r);
    if(r == s) {   // 数値に変換できない場合
        usage();
    }
    return x;
}

int main(int ac, const char **av)
{
    double x = 0.0;
    double y = 2.0;
    if(ac == 1) {
        usage();
    }
    x = strtod_or_die(av[1]);
    if(ac > 2) {
        y = strtod_or_die(av[2]);
    }
    printf("%f\n", pow(x, y));
    return 0;
}
```

複雑なコマンド引数を解析するときは，getopt() など便利な関数も用意されています。併せて利用して，コマンドを作成してください。

6.2 コマンド実行

「へぇ，こんなことができるんだ？」という新鮮な感動を得られる問題です。

> **問題 6.2:** ユーザが URL を入力したら，そのページをブラウザで表示するプログラムを作成せよ。 ★★★

【ヒント】 外部コマンド open（Mac OS X），gnome-open（Linux），start（Windows）を起動する

【難度 Up!（★★★★）】 セキュリティ脆弱性をケアする

解　説

プロセス（タスク）管理は，オペレーティングシステムの基礎です。オペレーティングシステムごとに API が提供されています。

- Unix 系（POSIX, BSD）— `fork, exec, kill, ...`
- Windows 系 — `CreateProcess, DeleteProcess, ...`

これらの API を使いこなすには，オペレーティングシステムのプロセス管理を正しく理解する必要があり，プログラミング練習の範疇をかなり超えてしまいます。ただし，C 標準ライブラリは，プロセス制御を簡単に利用できるラッパー関数をいくつか提供してくれています。

`system` 関数は，最も簡単なプロセス制御のライブラリ関数です。シェルを起動し，引数で与えられた文字列をシェルコマンドとして実行してくれます。

例えば，つぎは `ls -l` をターミナル上で入力して実行するのと同じ結果が得られます。

```
system("ls -ls");
```

問題は，`system()` 関数を使って，ブラウザを起動することになります。ブラウザを起動するコマンドは，オペレーティングシステムごとに異なるので注意してください。つぎは，Mac OS X の例です。

```c
#define START "open"
int main(void)
{
    char url[BUFSIZ] = {0};
    char cmd[BUFSIZ*2] = {0};
    printf("URL: ");
    fgets(url, BUFSIZ, stdin);
    snprintf(cmd, BUFSIZ, "%s %s", START, url);
```

```
    printf("invoking %s\n", cmd);
    system(cmd);
    return 0;
}
```

　system() 関数は便利ですが，セキュリティ上，注意する点もあります．今回のように，外部入力を一部でもそのままコマンドとして実行すると，例えば，; ls -l のように URL を入れると，別のコマンドも実行できてしまいます．コマンドの中には，危険なコマンドもあるので，重大なセキュリティホールといえます．これを避けるためには，; のようなシェルの制御文を取り除く サニタイジング (sanitizing) 処理が必要となります．サニタイジング処理は， 正規表現マッチング (regex.h) を使って，不正な入力を弾くように書きます．もしサニタイジング処理に自信がない場合は，system() コマンドの利用は控えたほうがよいでしょう．

6.3　ファイル読込み

最も基本的なファイル読み込み (fopen(), fputc(), fclose()) を使ってみましょう．

★★★

問題 6.3: コマンド引数で渡されたファイルの行数，文字数（バイト），単語数を数えるコマンドをつくれ．なお，単語は，アルファベットで始まる 1 文字以上の欧文単語のみ数えることにする．つまり，#include<stdio.h> の場合は，include, stdio, h の 3 単語となる．

【ヒント】　行数は， 改行コード を数える
【難度 Up! (★★★★)】　UTF–8 と仮定して文字数を数える

解　　説

　この問題は，Unix コマンドの wc を模した出題です．ただし，単語の数え方が少々異なっています．

　ファイル読込みは，C 標準ライブラリの fopen() 関数を使います．変数 filename をファイル名を参照した const char* 型とすると，つぎのように，読込み用にファイルを開きます．

```
FILE *fp = fopen(filename, "r");
if(fp == NULL) {
    printf("cannot open: %s", filename);
    exit(EXIT_FAILURE);
}
```

```
    ...
    fclose(fp);
```

fopen() は，ファイルを開くことに成功すると，入力ストリームを参照するファイルポインタ（FILE * 型）を返します．失敗すると，ファイルポインタは NULL ポインタとなります．必ず NULL チェックを行うようにしてください．

fclose() は，fopen() と必ずセットで使用する関数です．もう使用しなくなった入力ストリームを解放します．fclose() を忘れると，システムリソースを重大に浪費することになり，新たなファイルがオープンできなくなる場合もあります．

ちなみに，グローバル変数 stdin は，標準入力ストリームを参照するファイルポインタです．プログラムが起動時に，標準出力ストリーム（stdout）や標準エラーストリーム（stderr）と共に自動的にオープンされます．これらの標準ストリームは，fclose() してはいけません．

入力ストリームから，データを読み込む関数にはつぎのようなものがあります．

- fgetc()—入力ストリームから 1 文字（1 バイト）ずつ読み込む関数です
- fread()—入力ストリームから指定したサイズのメモリ領域に読み込む
- fgets()—入力ストリームから改行までの文字列を読み込む

今回の課題では，fgetc() を使い，ファイルの終端 EOF に達するまで，ループ構造を使って 1 文字ずつ読み込みます．バイト数は，そのまま読み込んだ文字の数を，行数は改行コード（\n，LF，ASCII コード 10）を数えることで得られます．

```
int bytes = 0;
int lines = 1;
for(int ch = fgetc(fp); ch != EOF; ch = fgetc(fp)) {
   bytes++;
   if(ch == '\n') {
      lines++;
   }
   ...
}
```

単語数を数えるのは，状態を表すフラグを導入して対応してみましょう．ループ構造の中で状態を表すフラグを導入するとコードの可読性が落ちるので，単なる flag のような平凡な変数名は用いず，しつこいくらいの変数名にしておきましょう．

```
int words = 0;
bool entered_word_sequence = false;
for(int ch = fgetc(fp); ch != EOF; ch = fgetc(fp)) {
   if(isalpha(ch)) {
      if(!entered_word_sequence) {
         words++;
      }
```

```
                entered_word_sequence = true;
        }
        else {
            entered_word_sequence = false;
        }
        ...
    }
```

以上の bytes, lines, words を表示するようにすれば，プログラムは完成です．

さて，難度★★★★は，バイト数ではなく，多バイト文字を含めて，正しく文字数を数えるようにする方法が問われています．ただし，これはテキストファイルがなんの文字エンコーディングで保存されているかによって方法が異なります．代表的な日本語の文字エンコーディングには，UTF–8, SJIS, EUCJIS, ISO–2022–JP があります．

このうち，UTF–8 は，ASCII 文字コードと互換性を保ちながら 多言語文字コード Unicode を扱えるようにした文字エンコーディングです．現在のインターネット上で一般的に利用されています．UTF–8 の特徴は，文字は 1～4 バイトの可変長で表現され，先頭の 1 バイトを見ると，文字の長さがわかるようになっています．ASCII 文字コードは，1 バイトでそのまま表現されています．一方，日本語の文字コードは 3 バイトでエンコーディングされています．エンコーディングの情報は，Wikipedia などに詳細が記載されていますので，そちらを参考にプログラミングしてください．

6.4 CSV ファイルの出力

実験データを Excel などの表計算ソフトで加工しやすいようにファイル出力してみます．

★★★

問題 6.4: 正規乱数とは正規分布をもつような乱数である（図 6.1）．ボードゲームなどでは，k 個のサイコロの目を合計することで擬似的に正規分布を得ている．X_i を $[0.0, 1.0]$ の一様乱数とすると，$k = 3$ のときの擬似正規乱数は，つぎのとおりである．

$$(X_0 + X_1 + X_2)/3$$

本問題では，擬似乱数が正規分布になっているのかグラフに表示して確かめたい．そこで，$k = 1, 2, 3, ...$ と増やしたとき，正規乱数の出現分布を CSV ファイルに出力するプログラムを作成せよ．

【例】 CSV ファイルの例

```
0.00,8,0,0,0,0,0,0,0,0
0.01,9,0,0,0,0,0,0,0,0
0.02,7,0,0,0,0,0,0,0,0
0.03,11,1,0,0,0,0,0,0,0
..
1.00,8,0,0,0,0,0,0,0,0
```

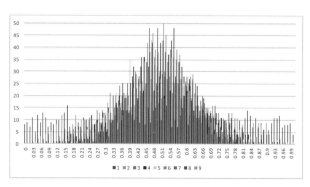

図 **6.1** 擬似正規乱数の出現分布

解　　　説

まず，問題文のとおり，擬似正規乱数をつくっておきましょう。

```
static double rand1() {
    return (double)rand() / RAND_MAX;
}

static double gaussian(int k) {
    double sum = 0.0;
    for(int i = 0; i < k; i++) {
        sum += rand1();
    }
    return sum / k;
}
```

さて，これを k を増やしながら，出現回数を出力します。ファイルに出力するときは，ファイルポインタを引数にとる fprintf() を使います。これは，出力先がファイルポインタに代わるだけで，使用方法は使い慣れた fprintf() とまったく同じです。

```
fprintf(fp, "%0.2f", (double)k/100);
```

あとは，printf() の代わりに fprintf() を使って出力するコードを書きます。乱数値の出現を計算しながら，同時にファイル出力も考えると混乱しやすいので，先にすべての結果を計算し，配列にいったん記憶してから，最後にまとめてファイル出力するようにします。あとから理由を述べますが，ファイル出力のプログラムは，つぎの writecsv() のようにファイルポインタを引数にとる関数として定義しておくとよいでしょう。

```
#define KMAX 10
#define SCALE 100
#define N 1000

void writecsv(FILE *fp)
{
```

```
    int dists[KMAX][SCALE+1] = {0};
    for(int k = 1; k < KMAX; k++) {
        for(int i = 0; i < N; i++) {
            int r = round(gaussian(k) * SCALE);
            dists[k][r]++;
        }
    }
    for(int i = 0; i < SCALE+1; i++) {
        fprintf(fp, "%.2f", (double)i/100);
        for(int k = 1; k < KMAX; k++) {
            fprintf(fp, ",%d", dists[k][i]);
        }
        fprintf(fp, "\n");
    }
}
```

なぜファイルポインタを引数にとる関数がよいかといえば，デバッグや動作の調整をしているとき，実際にオープンしたファイルの代わりに標準出力ストリーム stdout を引数に渡すことができるからです。つまり，ファイルを開けて内容を確認する手間が省けるからです。

```
    writecsv(stdout);
```

プログラムがちゃんと動作したら，ファイルを書込み用にオープンするコードを追加しましょう。

```
    FILE *fp = fopen("gaussian.csv", "w");
    if(fp != NULL) {
        writecsv(fp);
        fclose(fp);
    }
```

特に注意したい点は，fclose() を忘れないことです。ファイル出力は，バッファリングという技法を使い，直接ファイルに書き出す前にいったん，メモリ上にデータを格納して効率のよいタイミングで出力しています。したがって，fclose() を実行しないと，バッファにデータが残ったままの状態になります。最悪，ファイルが正しく出力されません。

ちなみに，printf() 関数も fprintf(stdout) と同じなのでバッファリングされています。学生から，デバッグ時に printf() しても表示されないと質問されることがあります。そのような場合は，バッファを強制的に出力する fflush() を挿入するか，代わりに標準エラー出力 stderr を使うとよいでしょう（stderr はバッファリングされていません）。

今回の出力形式は，CSV (comma separated value) フォーマットと呼ばれる形式でした。ファイルの拡張子を.csv にすると，Excel などの表計算ソフトから開くことができます。あとは表計算ソフトの機能を使ってデータを加工することができます。

このように，既存のツールのファイル形式に合わせて出力することで，ツールチェーンの一部としてCプログラムを活用することができます。ぜひ，さまざまなファイル形式を調べて，Cプログラムからのツールチェーンを広げてください。

6.5 実行時のエラー処理

実行時のエラー処理（例外処理）は，堅牢なプログラムの基本です。つい忘れがちですが，きっちりとエラー処理を書くことで信頼されるプログラマになれます。

★★★

問題 6.5: つぎは，BUFSIZ バイトずつファイルの内容をコピーするコマンドプログラムである。

```
#define BUFSIZ 4096
int main(int ac, const char **av)
{
    char buf[BUFSIZ];
    assert(ac == 3);
    FILE *fin = fopen(av[1], "r");
    FILE *fout = fopen(av[2], "w");
    for(int size = fread(buf, 1, BUFSIZ, fin); !feof(fin);
        size = fread(buf, 1, BUFSIZ, fin)) {
        fwrite(buf, 1, size, fout);
    }
    fclose(fin);
    fclose(fout);
    return 0;
}
```

エラー処理をするコードを追加せよ。

【難度 Up!（★★★★）】 書込み失敗をエラー処理する

解　　説

コンピュータシステムは，なにかしらの原因でプログラムの実行が継続困難になります。このような状態を**実行時エラー**（runtime error）と呼びます。システムプログラムでは，さまざまな原因でエラーが発生します。

- ユーザが入力を間違えた
- ユーザか管理者が環境設定を間違えた
- ネットワーク通信が切断した

- ハードウェアや物理的な不具合が発生した

実行時エラーが発生したとき，エラーを放置したままプログラムの実行をつづけると，さらに重大なシステム障害を発生させる原因になります。

C言語は，システム障害がそれほど大きな問題となる以前の言語設計であるため，言語機能やライブラリがエラー処理をしやすいようにつくられていません。なにもしなければエラー処理を無視してスルーするようになっています。そのため，C言語では以下の二つの手順でエラー処理をプログラミングします。

手順1) エラーを検出する

手順2) 具体的なエラーを処理する

以下，一つずつ説明していきます。

手順1) エラーを検出する

問題のコードに従って，まずエラー検出から見ていきましょう。まず，問題でも説明したとおり，fopen() に失敗すると，NULL が戻ってきます。このとき，エラーが発生しているといえます。

```
FILE *fin = fopen(av[1], "r");
if(fin == NULL) {
    /* エラー処理 */
}
```

エラーが発生する箇所は，fopen() だけではありません。実は，入出力ライブラリのすべての関数でエラーが発生する可能性があり，エラー検出を書くことができます。ただし，エラー検出の方法は，関数ごとに異なります。Cライブラリ関数のリファレンスマニュアル (return value の解説) に詳細が書かれています。

- fread() は，失敗すると0を戻す。ただし，EOFの場合もあるので，本当にエラーが発生しているかどうかは，ferror() 関数で検査すること
- fwrite() は，書き込んだバイト数より少ないバイト数を戻した場合はエラーとなる
- fclose() は，成功すると 0，失敗すると EOF(-1) を戻す

したがって，厳密にエラー処理を書くためには，すべての入出力関数の戻り値に対して，正しくエラー検出を書く必要があります。

```
if(fclose(fin) == -1) {
    /* エラー処理 */
}
```

ただし，これにも程度というものがあります。例えば，fwrite() の書込み失敗は重大なエラーといえますが，fclose() の失敗は同じくらい重大なのでしょうか？ エラー処理の難し

いところは，深刻度（severity）を判断するところです．エラーによっては継続処理しても問題ないものがあります．

エラー処理の抜け漏れを確実になくしたい場合は，つぎのように ラッパー関数 をつくり，問題 5.10 で使った `setjmp/longjmp` でつねに例外を発生させるのも方法です．

```
size_t
Fwrite(const void *ptr, size_t size, size_t nitems, FILE * fp)
{
    size_t wsize = fwrite(ptr, size, nitmes, fp);
    if(wsize != size * nitems || ferror(fp)) {
        longjmp(ioerr, 1);
    }
}
```

手順2) <u>エラーを処理する</u>

エラー処理では，エラーを検出したとき，

- （もし回復可能であれば）エラー回復を試みる
- そうでなければ，エラーを報告し，すみやかに終了する

のどちらかの処理をします．

このうち，エラー回復は理想的なエラー処理ですが，エラー原因（フォールト，fault）を特定しなければなりません．エラー原因を正しく推論し処理する技術は フォールトトレラント 技術と呼ばれ，奥深い技術体系を成しています．素人でもできるエラー回復処理は，ユーザの明らかな入力ミスくらいしかありません．

また，エラー原因が，ハードウェア障害やソフトウェア欠陥のときは，プログラム側ではなんのエラー回復もできない場合があります．そういう場合でも，エラーの発生をログとして報告すると，システム管理者は障害対応の仕事が楽になります．必ず，エラー情報を無視せず，できるだけ詳細にレポートするようにしましょう．

エラー情報の詳細は，`<sys/errno.h>`をインクルードすると，`errno` というグローバル変数が参照できるようになります．C 標準ライブラリはエラーが発生すると，この `errno` にエラーの種類を設定するようになっています．そこから，`perror()` や `strerror()` を使ってエラーメッセージに変換することができます．

最後に，エラーメッセージの出力先です．

- ユーザに対するエラーメッセージ： `fprintf(stderr)` など，
- システム管理者に対するエラーメッセージ： syslog() など，

syslog は，Unix オペレーティングシステムの標準のログシステムで，システム管理者はエラーを監視しているはずです．重大なエラーメッセージは，そちらに出力するようにしてお

くとよいでしょう。

```
if(/* エラー検出 */) {
    syslog(LOG_ERR, "Error detected: %d %s", errno,
        strerror(errno));
    exit(EXIT_FAILURE);
}
```

あと，errno は，グローバル変数なので，つぎのエラーが発生したら書き換えられてしまいます。この辺りも含め，エラーが発生したら，すぐにエラー処理するようにしてください。

6.6 カラフルなプログラム

プログラミングがちょっとだけ楽しくなる技法を一つ。しかし，色を付けて表示する程度のことも，システムに依存するものです。

★★★

問題 6.6: hello,world を青色で表示してみよう

【ヒント】 システムプログラミングなので，オペレーティングシステムごとに違います

解　説

いままで演習してきたプログラムは，すべて printf() を用いて標準出力に表示してきました。ターミナル（端末プログラム）は，プログラムからの標準出力を受け取り，表示しています。C プログラム側から見ると，出力する文字に色を付けるのは，ターミナルの仕事であり，ターミナルを制御することで色が付けられます。

つぎは，ターミナルの制御コードの一部です。

下線	\x1b[4m	太字化	\x1b[1m	反転	\x1b[7m	初期化	\x1b[0m
黒色	\x1b[30m	赤色	\x1b[31m	緑色	\x1b[32m	黄色	\x1b[33m
青色	\x1b[34m	紫色	\x1b[35m	水色	\x1b[36m	白色	\x1b[37m

制御コードを使うためには，制御コードを printf() で出力します。例えば，問題で指定されたとおり，hello,world を青色で表示するには，つぎのようにします。

```
printf("\x1b[34mhello,world\n\x1b[0m");
```

コードが読みにくいなと思う人は，文字リテラルの連結を使ってみるとよいかもしれません。

```
#define BLUE "\x1b[34m"
#define INIT "\x1b[0m"
```

```
       printf(BLUE "hello,world\n" INIT);
```

これで，Cプログラム側の準備を終わりました．正しく，青色に表示されましたか？

うまく色が変更されないときは，ターミナル側の設定が必要な場合があります．この設定は，オペレーティングシステムごとに違います．例えば，Windowsの場合は ansi.sys というドライバを設定する必要があるみたいです（ただ，お気軽な設定変更ではないようなので，この課題のために変更するのはオススメしません）．

さて，青色の出力に成功した人は，（うれしいからといってカラフルなコードを書き始める前に，）標準出力をファイルにリダイレクトしてみてください．

```
$ bulehello > file.txt
```

`vim file.txt` や `less file.txt` コマンドでこのファイルを開けてみると，制御コードがそのままファイルに出力されていることに気づくでしょう．

```
^[[34mhello,world
^[[0m
```

Cプログラム側では，標準出力の先がターミナルなのかファイルなのか区別していないため，このような結果になっています．ファイル出力を主体にしたプログラムのときは，標準出力に制御構造を入れないほうがよいでしょう．また，もっと本格的にカーソルのコントロールなど，ターミナルの画面制御を行いたいときは， ncurses などのライブラリを利用してください．本当にカラフルな画面をつくることができます．

6.7 クロスプラットフォーム

一度書いたコードは，オペレーティングシステムの種類を問わず，いろいろな環境で動くようにしたいと願うのは自然なことです．そのような，クロスプラットホームなコードを書く方法を練習します．

問題 6.7: つぎの関数 gettime() は，Unix環境において，時刻の経過をミリ秒単位で計測する関数である．

```
static double gettime()
{
    struct timeval tv = {0};
    gettimeofday(&tv, NULL);
    return (tv.tv_sec * 1000.0) + (tv.tv_usec / 1000.0);
```

```
        }
```
この関数を Windows 環境でもコンパイルできるようにせよ．

【ヒント】 条件付きコンパイルを使う

解　　説

　システムプログラミングは，オペレーティングシステムごとに，微妙な差から大きな差まで，さまざまな差をうまく扱うことが求められます．同じ Unix 系オペレーティングシステムでも，POSIX をベースにする Linux と BSD をベースとする Mac OS X では，わずかな差が存在します（まったく同じではありません）．また，これが Windows 系 OS となると，C 標準ライブラリ以外はほとんど互換性がないと考えても差し支えありません．

　Windows は，Windows API を使ってシステムプログラミングをします．つぎの timeGetTime() は，Windows が起動してから経過した時間（システム時刻）をミリ秒単位で取得します．

```
DWORD timeGetTime(VOID);
```
この関数を使って，gettime() を書き換えてみると：

```
#include <windows.h>

static double gettime()
{
    return (double) timeGetTime();
}
```

　ある環境で動いていたコードを，別の環境でも動くようにする作業を移植（porting）といいます．このように書き換えることで，少なくとも gettime() を利用しているコードは，Windows でも動作するようになります（注意：今回は，Windows への移植に気合を入れているわけではないので，計時精度の互換性は無視しています）．

　さて，本題はどちらの環境でもコンパイルして動作することが目的です．条件コンパイルというプリプロセッサの技法を使います．

　条件コンパイルの使い方は簡単です．もし WIN というマクロが定義されていたら，（コード A）を，そうでなければ（コード B) を使うように記述するだけです．

```
#ifdef WIN
        (コード A)
#else
        (コード B)
```

```
#endif
```

条件コンパイルは，`#include` や `#define` と同様に，C 言語の文法ではなく，C コードをコンパイル前に書き換える制御言語です．C 言語の if 文とはよく似ていますが，条件処理するタイミングが異なります．

```
#ifdef WIN
#include <windows.h>
#else
#include <sys/time.h>
#endif

static double gettime()
{
#ifdef WIN
    return (double) timeGetTime();
#else
    struct timeval tv = {0};
    gettimeofday(&tv, NULL);
    return (tv.tv_sec * 1000.0) + (tv.tv_usec / 1000.0);
#endif
}
```

これで，Windows 環境では，コンパイラのオプションで `-DWIN` をつけると，Windows 用のコードをコンパイルできるようになりました．

ここでもう一工夫できます．C コンパイラは，それぞれ定義ずみのマクロをもっています．これは，ANSI 規格や C99 規格で決まったものもありますが，コンパイラ独自のマクロ定義もあります．Clang や GCC なら，つぎのようにコンパイラのオプションを指定して，一覧を調べることができます．

```
$ cc -E -dM -xc /dev/null
#define OBJC_NEW_PROPERTIES 1
#define _LP64 1
#define __APPLE_CC__ 6000
#define __APPLE__ 1
#define __ATOMIC_ACQUIRE 2
..
```

Microsoft 社の Visual C++ は，`_MSC_VER` というバージョンを識別するマクロを定義しています．したがって，一般的な手法ですが，先頭にさらにつぎのような条件を追加しておけば，ユーザがわざわざ `-DWIN` のように設定することなく，コンパイラの種類からオペレーティングシステムが区別できるようになります．

```
#ifdef _MSC_VER
#define WIN 1
#endif
```

条件コンパイルは，オペレーティングシステムごとのコードを切り替えるだけでなく，リリース用あるいはデバック用のコードを切り替えるときにも重宝します．本格的なソフトウェア開発のためには，ぜひマスターしたい技法です．

6.8 オープンソースライブラリ

システムプログラミングの最後の挑戦として，インターネットプログラムを書いてみましょう．ソケットを使うとたいへんなので，オープンソースライブラリを使うのがコツです．

★★★★

問題 6.8: コマンド引数で指定された URL からファイルをダウンロードし，標準出力に出力するプログラムを作成せよ．

【ヒント】 Libcurl を利用．https://curl.haxx.se/libcurl/c/url2file.html を参考に

解　説

ネットワークプログラミングは，**ソケット**（socket）通信を利用して開発します．ソケットとは，BSD/UNIX を起源とするライブラリで，ネットワーク通信をファイル入出力と同様に扱えるようにつくられています．今回の課題は，ソケット通信を使うと：

- URL を解析する
- サーバの IP アドレスを解決する
- サーバに対して，TCP/IP コネクションを確立する
- HTTP プロトコルでリクエストを送る
- HTTP レスポンスの結果を構文解析し，ファイルを取り出す

というような流れで開発することができます．しかし，たかだか，URL で指定したファイルを取り出すだけでかなりの作業量が必要になります（もしソケット通信で課題を解いた方は，本当にご苦労様でした）．

近年は，便利なライブラリがオープンソースで公開されています．オープンソースとは，ソースコードが公開され，原則，無償で利用可能なライセンスで提供されているソフトウェアです．オープンソースの形態で提供されているライブラリを利用することで，システムプ

ログラミングはかなり手間を省いて開発することができます。

ここでは，マルチプロトコルファイル転送ライブラリ Libcurl というオープンソースライブラリを使ってみます。

Libcurl は，MacOS X にはインストールずみです。たぶん，標準的な Linux 環境ならインストールされているはずです。また，Windows 版も用意されているので，手順に従ってダウンロードすれば，（ひと手間かかると思いますが，）利用することができます。

オープンソースライブラリを使うもう一つの利点は，ライブラリ自体がクロスプラットホームで開発されていることが多く，オペレーティングシステムに依存しない開発がしやすい点です。

さて，入手したオープンソースライブラリはどのように使ったらよいのでしょうか（この辺りから，開発者に求められる "真の" 問題解決力が問われます）？

基本的に，チュートリアル，サンプルコード，API リファレンスを参考にしながら開発します。ドキュメントは，英語で書かれていることが多く，英語は嫌だなと思っていたら，プログラミングはできません。ライブラリの代わりに自分でスクラッチから書くか，それとも英語を読んでライブラリを使ったほうが早いか，賢い選択ができるようになってください。

つぎは，サンプルコードを参考につくってみたプログラムです。

```c
#include "mymagic.h"
#include <unistd.h>
#include <curl/curl.h>

static size_t write_data(void *ptr, size_t size, size_t nmemb,
    void *stream)
{
    size_t written = fwrite(ptr, size, nmemb, (FILE *)stream);
    fflush((FILE *)stream);
    return written;
}

int main(int argc, char *argv[])
{
    if(argc < 2) {
        printf("Usage: %s <URL>\n", argv[0]);
        return EXIT_FAILURE;
    }
    curl_global_init(CURL_GLOBAL_ALL);
    CURL *curl_handle = curl_easy_init();
    curl_easy_setopt(curl_handle, CURLOPT_WRITEFUNCTION,
        write_data);
    curl_easy_setopt(curl_handle, CURLOPT_WRITEDATA, stdout);
    /* set URL to get here */
```

```
    curl_easy_setopt(curl_handle, CURLOPT_URL, argv[1]);
    curl_easy_perform(curl_handle);
    curl_easy_cleanup(curl_handle);
    return 0;
}
```

教科書なので，libcurl の動作原理を簡単に解説しておきます。libcurl ではネットワーク通信の同期をとるため，コールバック (callback) 関数を使っています。コールバック関数とは，イベントが発生したとき，実行すべき関数を登録するシステムプログラミングの定番技法です。ここでは，write_data() と stdout をコールバック関数とその引数としてそれぞれ登録しています。URL を設定したのち，curl_easy_perform(curl_handle); でネットワーク通信を開始しています。ネットワークは，動作環境によって通信速度が異なり，プログラムとの同期問題が発生します。ネットワークからある程度の量のデータが着信するたびにイベントを起こし，コールバック関数を呼び出して処理するようになっています。ライブラリの利用者は，受信したデータ処理だけコールバック関数に書いておけば，あとは複雑なネットワーク制御をすべてお任せできるようになっています。

オープンソースライブラリを使うときは，コンパイル＆ビルドでも注意する必要があります。ソースコードを curl.c に保存するとします。いつもどおり，make すると，シンボルが存在しないとエラーが報告されるでしょう。

```
$ make code/curl
cc     code/curl.c   -o code/curl
Undefined symbols for architecture x86_64:
  "_curl_easy_cleanup", referenced from:
      _main in curl-01f21f.o
  "_curl_global_init", referenced from:
      _main in curl-01f21f.o
ld: symbol(s) not found for architecture x86_64
clang: error: linker command failed with exit code 1 (use -v to see invocation)
make: *** [code/curl] Error 1
```

この原因は，ライブラリがリンクされていないからです。C コンパイラは，コードをコンパイルしたあと，すでにコンパイルずみのライブラリをリンクして，最終的に実行可能なプログラムをビルドしてきました。標準 C ライブラリは，実は libc と呼ばれるライブラリを使っていましたが，このライブラリだけはなにもしなくてもリンクされます。

今回は，標準 C ライブラリ以外の関数を使うため，明示的にリンクするライブラリを指定する必要があります。これは，つぎのように-lcurl にコンパイラオプションで指定します。また，otool -L（Linux なら ldd）コマンドを使うと，ライブラリのリンク状況を解析できます。コマンドがなんのライブラリを使っているか気になったら，調べてみてください。

```
$ make curl CFLAGS='-lcurl'
cc -lcurl   curl.c   -o curl
$ otool -L curl
curl:
/usr/lib/libcurl.4.dylib (compatibility version 7.0.0)
/usr/lib/libSystem.B.dylib (compatibility version 1.0.0)
```

さて，これでオープンソースライブラリを利用したプログラミングの練習はおしまいです。章末のまとめに便利なライブラリを紹介しておきますので，プログラミングの幅を広げてみてください。

6.9 ま と め

本章では，システムプログラミングを学んできました。

システムプログラミングのコツは，オペレーティングシステムが提供するライブラリを使いこなす点にあります。プログラミング技巧としては，新たに覚えることはありません。あとは根気よくライブラリのサンプルプログラムやAPIリファレンスを読んで開発することになります。

難所は，オペレーティングシステムごとの動作の違いです。

C標準ライブラリで提供されている関数は，（多少の動作の違いはあるかもしれませんが，）原則，オペレーティングシステムに依存することなく利用できます。しかし，C標準ライブラリは，ファイルの入出力など，簡単な操作しかサポートしていません。それ以外のプログラムは，オペレーティングシステムのシステムAPIの違いを調べて開発する必要があります。

最後のLibcurlの例で見たとおり，ポータブルなオープンソースライブラリは多くあります。いくつかの定番ライブラリを紹介すると

- Open SSL —基本的な暗号化関数とさまざまなユーティリティ関数 www.openssl.org
- SDL (Simple DirectMedia Layer) —マルチメディア（グラフィック，サウンド）ライブラリ www.libsdl.org
- Open GL —2次元/3次元グラフィックスを描画するためのライブラリ www.opengl.org
- SQLite —軽量な関係データベース（RDBMS）ライブラリ www.sqlite.org
- OpenCV —コンピュータビジョン（画像認識，画像解析）向けライブラリ opencv.org

オープンソースライブラリを使うと，プログラミングの幅，開発できるソフトウェアの種類が大きく広がります。興味をもったライブラリがあったら，ぜひ試してみてください。

データ構造とアルゴリズム

C Programming

データ構造とアルゴリズムは，先人たちが考えた珠玉のアイデアが詰まっています．特に優れた定番アルゴリズムは，なかなか自分で考えて思いつくものではありません．

本章では，プログラマならぜひ一度は書いてみたい基本的なデータ構造とアルゴリズムの問題を集めてみました．さらに勉強を深めたいときは，章末も参考にしてください．

7.1 キュー

この問題は，ポインタによるキューの練習のつもりだったのですが，（どうもポインタが嫌いなのか）ほとんどの学生が配列を用いてキューを擬似的に実現していました．素直にポインタを使ったほうが簡単だと思うのですがいかがでしょうか？

問題 7.1: 大人気のパン屋がある．客 $(P_0, P_1, ..., P_i, ..., P_n)$ が順番に並んでいる．各客 P_i は，それぞれほしいパンの個数 $N_i > 0$ がある．

パン屋は，先頭の買い占めを防ぐため，つぎのようにパンを販売することにした．

- 1回で最大 q 個までパンを販売する
- $q < N_i$ だった客は，待ち行列の最後尾に並び直し，つぎの販売を待つ

いま，$P_i(N_i)$ のリストが与えられたとき，1会計ごとの待ち行列の状態を表示するプログラムをつくれ．

【難度 Up! (★★★★)】　パン 10 個販売ごとの待ち行列の状態を表示する

解　　説

キュー（queue，待ち行列）は，先入れ先出し（First–In–First–Out, FIFO）による基本的なデータ構造です．キューは，つぎの二つの操作から成ります．

- **enqueue**——キューの最後尾にデータ要素を追加する
- **dequeue**——キューの先頭からデータ要素を取り除く

この問題は，ほしいパンの個数を変えなかったときは，後ろに並び直します。つまり，dequeue し，そのあと enqueue することになります。

キューは，単方向連結リスト（singly linked list）で表現できます（図 7.1）。待ち行列の客を表現する構造体 customer をつくり，next メンバで，後ろに並んでいる客を表すようにします。

```
struct customer {
   int id;
   int wanted;
   struct customer *next;
};
```

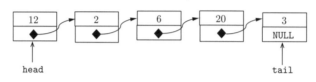

図 7.1　キューのデータ構造

あとは，リストの先頭 head と最後尾 tail の顧客をポインタ参照する変数を用意します。キューが空の状態は，NULL ポインタを参照していることにします。

```
struct customer *head = NULL;
struct customer *tail = NULL;
```

新しい顧客 p をキューの最後尾に追加する操作（enqueue）は，つぎのとおり。

```
if(tail != NULL) {
   assert(tail->next == NULL);
   tail->next = p;
   tail = p;
}
else {
   assert(head == NULL);
   head = p;
   tail = p;
}
```

注意：キューは空の場合もあるので，そのときの処理も忘れずに。

キューの先頭（head）から顧客を取り除く操作（dequeue）は，つぎのとおり。

```
if(head != NULL) {
   head = head->next;
   if(head == NULL) {
      tail = NULL;
   }
}
```

同じく，キューが空になるときもあるので，tail も NULL にしておきます。

さて，パン屋の待ち行列の問題は，q < head->wanted だったとき，head を dequeue() して，再度 enqueue() することになります．このとき，注意するのは，後ろに並び直す客の next を NULL にすることです．そうしなければ，循環リストになってしまいます．

難易度★★★★は，販売時に顧客単位ではなくパン1個ごとにカウントしながら，待ち行列を制御するとうまく書くことができます．

7.2 スタック

スタックは，キューと対比して説明される基本データ構造です．すでに，関数のコールスタックでも見てきたとおり，再帰的なデータ構造を処理するときに利用されます．

─────────────────────────────── ★★★★ ─

問題 7.2: 後置記法（逆ポーランド記法）は，演算子を数値のあとに記述する数式記法である．つぎの中置記法と後置記法は同じである．

中置記法： (1 + 2) * (3 - 4)

後置記法： 1 2 + 3 4 - *

ユーザが入力した後置記法の数式を計算するプログラムをつくれ．

────────────────────────────────────

【ヒント】 先頭から順番に記号を読み込み，その記号が数値ならスタックに値を積み，演算子であればスタックから値を取り出して演算し，結果をスタックに積む

【難度 Up! (★★★★★)】 中置記法の数式を計算する電卓を作成する

解　説

スタック (stack) は，スタック領域やコールスタックでもおなじみのデータ構造です．つぎの二つの操作からなります．

- **push**—スタックトップにデータを積む
- **pop** —スタックトップからデータを取り除く

後置記法の数式は，図 **7.2** に示すとおり，以下の手順で簡単な スタックマシン で簡単に処理できます．

1)　数値は，スタックに push する
2)　演算子は，スタックから 2 回 pop して値を取り出して計算し，その結果をスタックに push する
3)　1), 2) を数式の終端に到達するまで繰り返し，スタックトップが計算結果となる

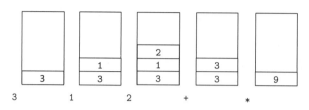

図 7.2　スタックを用いた後置記法の計算

スタックは，キュー同様，単方向連結リストを用いても表現できますが，配列を用いたほうが実装が簡単です．

スタックトップ top を変数で記録する：

```
int stack[STACKSIZE];
int top = 0;
```

スタックに data を push する：

```
assert(top < STACKSIZE);
stack[top] = data;
top++;
```

スタックから data を pop する：

```
top--;
data = stack[top];
```

注意：変数 top は未使用のスタック位置をトップとしています．スタックトップのデータは，stack[top-1] になります．

スタックの操作は，配列や変数は隠蔽して，posh(data)，data = pop() と使えるように関数化して使いましょう．

本問題では，文字列から数式を 構文解析 するプログラムも必要となります．C 標準ライブラリには，strtok() という字句解析を助けてくれる関数もあります．この程度の構文解析なら，前から 1 文字ずつ字句解析したほうが簡単かもしれません．

難易度★★★★★は，電卓をつくる練習問題です．中置記法の数式を構文解析し後置記法に変換することで，同じようにスタックを使って計算できます．中置記法の数式は，手書きでパーサを書くのなら， 再帰下降構文解析法 （recursive descent parsing）を使うとよいでしょう． Lex/Yacc などのパーサジェネレータを使っても構いません．

7.3　分割統治法

整列アルゴリズムは，問題の設定がシンプルな上に，アルゴリズムの種類も多く，アルゴリズムを比較しながら，計算量を体験するにはよい題材です．

7.3 分割統治法

問題 7.3: 乱数生成された N 個の数値からなる整数配列がある。この整数配列を整列するバブルソート，クイックソート，マージソートを実装し，N を変化させたときの，各ソートアルゴリズムの処理時間を比較せよ。

解　説

整列アルゴリズムには，さまざまなタイプのアルゴリズムが存在します。本書は，代表的なアルゴリズムのみ扱います。

バブルソートは，問題3.3でも扱ったとおり，最も基本的な整列アルゴリズムの一つです。実装はシンプルなのですが，配列を2重ループで処理しているため，入力長 N に対し，N^2 の処理時間が必要となります（計算量 $O(N^2)$ のアルゴリズムと呼びます）。

整列アルゴリズムにおいて，$O(N^2)$ は望ましくありません。なぜなら，もし入力データのサイズが10倍になったら，計算時間は100倍になるからです。そこで**分割統治法**（divide-and-conquer）を生かして計算量を改善したアルゴリズムを使います。分割統治法は，いわゆる「データが大きくなるのが問題なら，データを分割して小さなデータとして解けばよい」というアイデアに基づいています。

マージソート（merge sort）は，データを分割できなくなるまで，再帰的に二分割をつづけます。いったん分割してしまうと，一つのデータに戻す操作が必要となりますが，そのとき図**7.3**に示すとおり，整列順になるようにマージ（merge）します。

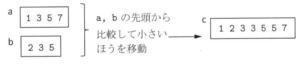

図 **7.3** 整列済みの配列のマージ操作

ポイントは，分割ずみの配列 a[]，b[] が整列ずみである点です。先頭から両者を比較しながら，小さいほうをマージ配列 c[] にコピーします。だから，マージ配列 c[] も整列ずみとなります。

```
void merge(int a[], int a0, int a1, int b[] int b0, int b1,
  int c[], int c0) {
    int aindex = a0, bindex = b0;
    int cindex = c0;
    int len = (a1 - a0) + (b1 - b0);
    for(int i = 0; i < len; i++) {
        if(aindex < a1 &&  bindex < b1 && a[aindex] < b[bindex])
          {
```

```
            c[cindex+i] = a[aindex];
            aindex++;
        }
        else {
            assert(bindex < b1);
            c[cindex+i] = b[bindex];
            bindex++;
        }
    }
}
```

マージソートは，データ長 N に対し，二分割処理が $O(\log N)$，マージ処理が $O(N)$ となるため，$O(N \log N)$ となります．マージ作業のため，データ長 N と等しい作業用メモリが必要となります．

クイックソート (quick sort) は，1960 年に Antony Hoare が開発したアルゴリズムです．マージソートとは異なる方法で問題を分割します．

まず，配列中からピボット (pivot) と呼ばれる基準値を選びます．この基準値より小さい値は配列の前方，大きい値は配列の後方に移動します．すると，基準値を境界に配列が分割されます（図 **7.4**）．

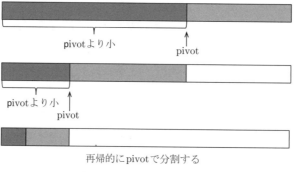

図 **7.4** ピボットによる分割

あとは，これをそれぞれ分割した配列に対し，別のピボットを選択し再帰的に分割します．配列の大きさが 1 以下になり分割できなくなると，すべて整列されているわけです．

クイックソートの原理も簡単です．ただしコードを書くのは意外と難しいことで有名です．つぎは，Wikipedia の解説記事からの抜粋（一部修正）です．

```
void quicksort(int a[], int left, int right) {
    if (left < right) {
        int i = left, j = right;
        int pivot = a[i + (j - i) / 2];
        while (1) {
            while (a[i] < pivot) i++;
```

```
            while (pivot < a[j]) j--;
            if (i >= j) break;
            swap(&a[i], &a[j]);
            i++; j--;
        }
        quicksort(a, left, i - 1);
        quicksort(a, j + 1, right);
    }
}
```

コードをよく読むと，両端から配列を調べながら，pivot より大きな値と小さな値が見つかったら相互に入れ替えることを繰り返していることがわかります。

正直，このコードはあまり参考にすべきでない職人芸のコードです。なぜなら，メモリ消費を抑えるためにかなり頑張っているからです。もし，上記のようなクイックソートを正しく書けなくてもそれほど落ち込む必要ありません。

メモリ消費を気にしなければ，作業用配列を確保し，使い慣れたループの標準パターンで書くことができます。

```
void quicksort(int a[], int left, int right) {
    if (left < right) {
    int pivot = a[right + (left - right) / 2];
    int b[right-left] = {0}, c[right-left] = {0};
    int bindex = 0, cindex = 0;
        for(int i = left; i < right; i++) {
            if(a[i] < pivot) {
                b[bindex++] = a[i];
            }
            else {
                c[cindex++] = a[i];
            }
        }
        memcpy(a, b, bindex);
        memcpy(a + bindex, c, cindex);
        quicksort(a, left, bindex);
        quicksort(a, bindex, right);
    }
}
```

しかしながら，クイックソートの利点は，マージソートに比べ，作業用メモリを別途必要としない点です。クイックソートは，分割統治法としてはランダムな要素があり，理想的な場合は $O(N \log N)$ ですが，最悪な場合はバブルソートと同じ $O(N^2)$ と安定しません。それでも，クイックソートが長らく選ばれて愛用された理由は，メモリ資源がきわめて貴重だった時代が長かったためです。

現在は，メモリも安価になったため，クイックソートよりも安定したマージソートを使うことが増えています．同様に，プログラミングも，メモリをケチるテクニックは過度に追求しなくてもよいでしょう．

計 算 量

計算量は，入力データの大きさや問題の深さなどをパラメータ化し，パラメータが大きくなったとき，計算量の程度を見る指標です．（ランダウの） O–記法を用います．

計算量は， 漸近的計算量解析 という手法で解析しますが，有名なアルゴリズムは解析され，カタログ化されています．プログラムを書くとき，アルゴリズムを選択する上でよい基準になります．

$O(1)$	定数	ハッシュ表の検索
$O(\log n)$	対数	二分探索
$O(n)$	線形	線形探索
$O(n \log n)$	線形対数	マージソート，クイックソート（平均）
$O(n^2)$	二乗時間	バブルソート，クイックソート（最悪）
$O(n^c)$	多項式時間 (P)	
$O(2^n)$	指数時間	巡回セールス問題

注意しなければならないのは，計算量はプログラムの性能を測る絶対的な指標ではなく，実装方式にも大きく依存する点です．だから，入力データの大きさによっては，バブルソートがマージソートより速いことはありえます．

本問題でも，入力データの大きさ N を変化させ，計算量と実際の性能の関係を体験してください．

7.4 帰　　　着

演習課題を出題すると，「習っていない！」と不満げな学生がいます．いえいえ，すでに習ったアルゴリズムを帰着させてうまく解いてほしいのです．

★★★

問題 7.4: 奇数個 N の乱数からなる配列 $a[N]$ が存在する．この乱数列の中央値を求めるプログラムをつくり，その計算量を述べよ．

【例】 乱数列が 4 0 7 11 3 の場合は，中央値は 4

解　説

帰着（reduction）とは，「問題を置き換えて考える」ことです．問題 Q の解がわかれば，問題 P の解がわかるとき，問題 P は問題 Q に帰着される（帰着できる）といいます．人によっては，帰着のことを還元と呼ぶ場合もあります．

中央値を求める場合は，つぎのように考えることができます．

- 配列 $a[N]$ を整列する
- $a\left[\dfrac{N}{2}+1\right]$ を中央値とする

このように考えれば，「配列 $a[N]$ を整列する」という問題に帰着して解くことができます．ズルしているように思えるかもしれませんが，正統なアプローチです．

整列は，問題 7.3 を参考にしてください．計算量は，$a[(N/2)+1]$ の処理は無視できるので，整列アルゴリズムの計算量で押さえ込めます．バブルソートなら $O(N^2)$，マージソートなら $O(N \log N)$ となります．

典型的なアルゴリズムは，さまざまな問題に帰着して解くことができる柔軟さがあります．問題の背後にある抽象的な構造を見抜き，まずは既存のアルゴリズムを活用できないか，考えるようにしましょう．

7.5　グラフの探索

深さ優先探索 と 幅優先探索 は，最も基本的な探索アルゴリズムです．つぎのバケツの問題は，探索アルゴリズムとして解を探すことができます．

★★★★

問題 7.5: 大きさの異なる A リットルのバケツ，B リットルの空のバケツがある．この二つのバケツを使い，C リットルの水を計量する手順を示すプログラムを作成せよ．

【ヒント】 1 回の手順で可能なバケツ操作は 6 通り．

- バケツ A を満杯にする (Fill(A))
- バケツ B を満杯にする (Fill(B))
- バケツ A の水をこぼれないように B に移す (Move(A, B))
- バケツ B の水をこぼれないように A に移す (Move(B, A))
- バケツ A の水を捨てる (Drop(A))
- バケツ B の水を捨てる (Drop(B))

【例】 $A=5$, $B=3$, $C=4$ のとき，Fill(A), Move(A, B), Drop(B), Move(A, B), Fill(A), Move(A, B)

【難度 Up! (★★★★★)】 最短手順を示すことができたら

解　説

まず，問題の内容を整頓しておきましょう．変数 a, b をそれぞれバケツ A, B の水の量を表すものとします．すると，バケツ A, B の状態は，(a, b) の組で表現できます．バケツ A, B は空なので，初期状態は $(0, 0)$ となります．

複雑なプログラムは，コーディングする前に，少し紙とペンを使って手で解いてみます．ここでは，具体的に考えるため，$A = 5, B = 3$ とします．図 7.5 は，初期状態 $(0, 0)$ から可能なバケツ操作をしたときの状態変化を木構造に展開した図です．

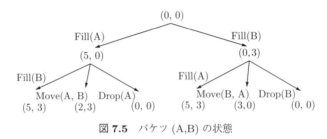

図 7.5　バケツ (A,B) の状態

探索問題として，$(C, 0)$ か $(0, C)$ の状態を探せばよいことがわかります．ただし，気を付けるのは，バケツ操作によっては，前のバケツの状態に戻ってしまう点です．したがって，木構造ではなくグラフ構造の探索問題となります．

まず，再帰関数で簡単に探すことができる**深さ優先探索**（depth first search，**DFS**）を使って解を探してみます．つぎは，バケツの水が C になるまで，再帰呼び出しによって探索する solve 関数の概要です．バケツの状態 (a, b) は引数で渡しながら，変化させます．

```
bool solve(int a, int b)
{
   if(a == C || b == C) {
      return true;  // 発見
   }
   // solve(A, b) を試す
   // solve(a, B) を試す
   int moveAB = (B-b) > a ? a : (B-b);
   // solve(a-moveAB, b+moveAB)
   int moveBA = (A-a) > b ? b : (A-a);
   solve(a+moveBA, b-moveBA)
   // solve(0, b) を試す
   // solve(a, 0) を試す
   return false;  // 発見できず
}
```

この方法は解を見つける前に，同じ状態を繰り返す袋小路に入り込む危険性があります。それを避けるためには，一度探索したバケツの状態は，再度探索しないようにします。

ポイントは，同じバケツの状態を繰り返し処理しないように，処理したバケツの状態を識別する方法です。引数では，(a, b) と二つの値で状態を表現していますが，これは扱いにくいです。2 次元配列を 1 次元配列に置き換える要領を応用すれば，1 次元配列として処理したバケツの状態（visited）を管理できます。

```
int visited[(A+1)*(B+1)] = {0};
...
   int h = a * (B+1) + b;
   assert(h < (A+1) * (B+1));
   if(visited[h] == 1) {
      return false;
   }
   visited[h] = 1;
```

もう一つの修正すべき点は，発見したパスを表示していない点です。探索経路の情報は，コールスタックに積まれているので，正解を発見したときから，関数を戻るごとに printf すれば，（逆順になりますが）各手順を表示できます。例えば，Fill(A) のときはつぎのようにします。

```
if(solve(A, b)) {      // solve(A, b)を試す
   printf("#%d Fill A (%d,%d) => (%d, %d)\n", a, b, A, b);
   return true;
}
```

これで，深さ優先探索によって，（解があれば）解に至る手順が得られるはずです。

さて，$A = 5, B = 3, C = 4$ の条件で実行してみると，つぎのような手順が得られます。

```
#10 Move B to A (1,3) => (4, 0)   #9 Fill B (1,0) => (1, 3)
#8 Move B to A (0,1) => (1, 0)    #7 Drop A (5,1) => (0, 1)
#6 Move B to A (3,3) => (5, 1)    #5 Fill B (3,0) => (3, 3)
#4 Move B to A (0,3) => (3, 0)    #3 Drop A (5,3) => (0, 3)
#2 Fill B (5,0) => (5, 3)         #1 Fill A (0,0) => (5, 0)
```

ところで，この手順は，最短手順といえるのでしょうか？

深さ優先探索は名前が示すとおり，先にどんどん深く探索していきます。つまり，手順数は多くてもお構いなしというわけなので，最短手順は保証されません。もっと短い手順がある可能性があります。

難易度★★★★★の課題は，最短手順への挑戦です。つぎのような方針が，標準的アプローチといえます。

- 幅優先探索 (breadth first search) —— 同じ深さの枝から探索するため，最短手順が

見つかる。原則，スタックの代わりにキューを使ってバケツの状態を管理する

- 反復深化深さ優先探索 (iterative deepening depth–first search)——深さ優先探索の深さに制限を付け，徐々に制限を緩和することで浅い解を先に見つける

練習問題としては，幅優先探索の実装は興味深いものです。しかし，深さ優先探索の実装が簡単な理由は，スタックを再帰関数のコールスタックで軽く実装できた点です。幅優先探索は，スタックの代わりにキューを使うだけですが，実装にはもうひと手間以上かかります。一方，反復深化は solve 関数に深さ制限を付けるだけなので，実装は比較的簡単です。つぎのように，深さ優先探索する最大深さ（maxdepth）を伸長していけば，簡単に最短手順が見つかるでしょう。

```
for(int maxdepth = 2; maxdepth < A*B; maxdepth++) {
    memset(visited, 0, sizeof(visited));
    if(solve(0, 0, 0, maxdepth, visited)) {
        break;
    }
}
```

7.6 動的計画法

動的計画法は，部分問題に分割し，その部分解を求めながら全体解を求める手法です。組合せを素直に探索したら，大きすぎる問題を解くときに威力を発揮します。ただ，苦手とする人が多いアルゴリズムの問題です。

★★★★

問題 7.6: ある国の硬貨は4種類あり，$A, B, C, 1$ $(A > B > C > 1)$ の価値をもつ。この硬貨を用いて，硬貨を組み合わせた合計金額が x となる最小枚数を求めよ。

【例】 $A = 100$ 円，$B = 10$ 円，$C = 5$ 円のとき，$x = 127$ 円は，(100 円, 1 枚)(10 円, 2 枚)(5 円, 1 枚)(1 円, 2 枚) で合計 6 枚

【例】 $A = 50$ 円，$B = 40$ 円，$C = 7$ 円のとき，$x = 127$ 円は，(50 円, 0 枚)(40 円, 3 枚)(7 円, 1 枚)(1 円, 0 枚) で合計 3 枚

解　説

硬貨の組合せは，日常生活の支払いで無意識に計算してます。つぎは，日常の支払いをコード化した例です。

```
#define N 4
int value[N] = { 50,40,7,1 };
```

```
void greedy(int x)
{
   int p = x;
   int count[N] = {0};
   printf("greedy %d ", x);
   for(int coin = 0; coin < N; coin++) {
      count[coin] = p/value[coin];
      p = p % value[coin];
      printf("(%d,%d) ", value[coin], count[coin]);
   }
   printf("sum : %d\n", count[0]+count[1]+count[2]+count[3]);
}
```

この方法は，最も価値の大きな硬貨から順番に支払う枚数を決めています。アルゴリズム用語では，**貪欲法**（greedy）と呼ばれております。日本の硬貨のように，小さい硬貨が大きな硬貨の約数であれば，貪欲法で求めた組合せが，そのまま最小枚数になります。しかし，A, B, C の金額次第によっては，貪欲法では最小枚数に至りません。例えば，$A = 50$ 円，$B = 40$ 円，$C = 5$ 円の場合，120 円は 40 円 3 枚の 3 枚で払うことができますが，貪欲法では 50 円 2 枚 + 5 円 4 枚の合計 6 枚となってしまいます。

どうしたら，最小枚数を見つけることができるのでしょうか？バケツの問題と同じく (a, b, c, d) の組で探索する方法も考えられますが，考えるべき探索空間ははるかに広くなります。

このような場合は，**動的計画法**（dynamic programming）を使えないか，検討してみます。動的計画法は，部分問題に分割し，部分問題の解を用いながら，全体解を得る方法です。分割統治法に似ていますが，部分解に順序関係がある点が違います。

コインの問題に当てはめてみましょう。$S(x)$ は，x 円のときの最小枚数（解）を表すとします。まず，$x = 0$ のときの解は

$$S(0) = 0$$

$S(0)$ のとき，硬貨を 1 枚追加して購入できる金額は $A, B, C, 1$ であり，その解は，それぞれ $S(0)$ を部分解として，つぎのように計算できます。

$$S(A) = S(0) + 1, \quad S(B) = S(0) + 1, \quad S(C) = S(0) + 1, \quad S(1) = S(0) + 1$$

つまり，$S(0)$ は，$S(A), S(B), S(C), S(1)$ の部分解といえます。これを拡張し，より一般化して書けばつぎのような関係が成り立ちます。

$$S(x+A) = S(x)+1, \quad S(x+B) = S(x)+1, \quad S(x+C) = S(x)+1, \quad S(x+1) = S(x)+1$$

あとは，0 から x まで順番に計算していきます．途中の計算結果は，DP 表（動的計画表）と呼ばれる配列（dp）に記録します．注意する点は，同じ $S(x)$ の計算も，$S(x-A)+1$，$S(x-B)+1$ のように重複して計算される点です．このような重複は，合計枚数が小さいほうを採用しながら dp 配列を埋めていきます．

```
struct combi {
   int sum;
   int count[N];
};

#define MAX 1000
struct combi dp[MAX] = {0};

void coin(int x) {
   for(int p = 0; p < x; p++) {
      for(int coin = 0; coin < N; coin++) {
         int pp = p + value[coin];
         if(pp < MAX && (dp[pp].sum == 0 || dp[p].sum < dp[pp
            ].sum)) {
            dp[pp] = dp[p];
            dp[pp].sum++;
            dp[pp].count[coin]++;
         }
      }
   }
   for(int coin = 0; coin < N; coin++) {
      printf("(%d,%d) ", value[coin], dp[x].count[coin]);
   }
   printf("sum : %d\n", dp[x].sum);
}
```

動的計画法は，実は メモ化再帰 （問題 3.10）と同じ構造です．計算順序が逆なだけで，DP 表に記録する計算の途中結果と再帰でメモ化されるデータは同じものになります．

コインの最小枚数 $S(x)$ は，つぎのように再帰関数で定義し，メモ化再帰で解くこともできます．

$$S(x) = \min(S(x-A), S(x-B), S(x-C), S(x-1)) + 1$$

ただし，メモ化再帰より，動的計画法のほうがコーディングしやすいケースは多くあります．ある問題を動的計画法で切り崩せないかと詰まったときは，逆に再帰構造を活用できないかと考えてみてください．

（コラム） 競技プログラミング

著者が学生だったころは，「プログラミング力＝プログラミングバイトで稼げる力」だったので，「早くプロは卒業し，稼げるようにになったほうがいいよ」と冗談をいうこともありま

した。

　競プロとは，競技プログラミングのことで，ACM ICPC 世界大会を中心に大学生，大学院生がプログラミング力を競う大会が開催されています。競技は，3人1組でチームを編成し，与えられた8問の問題を時間内に解く形式で，プログラムを書いて，与えられたデータ入力に対し，プログラム出力が一致するかでプログラムの正しさを機械判定し，正解までの時間を競う競技です。コードの内容は評価されません。

　勝負は，コーディングの速さ＋アルゴリズムの知識＋地頭力（ひらめき）で決まります。

　ソフトウェア開発では，天才的なコードより堅実でメンテナンスしやすいコードが重視されます。というわけで，競プロの目指す方向は違うのではないか，使い捨てのコードばかり書いていると，変なクセがつくのではないかと疑っていました。

　ところが，研究室に競プロ組の学生がやってきて，彼らの知識や問題への取組みを聞いていると，実はソフトウェア開発にも相通じるプログラミング観があると気づきました。

　結局のところ，競技に勝つためには，短期間でプログラムを書き上げなければならず，バグの入りにくい堅実なアプローチを追求することになるからです。

　あと，競プロで鍛えられた学生は，同世代の学生に比べ，圧倒的にプログラミング力が高いというのも偽らざる事実です。

　本書を卒業し，つぎのステップに進みたいと思ったら，ぜひ競プロにも挑戦してみてください。難易度は，本書と比較すると★★★★〜★★★★★★★★です。中毒性が高いので，ハマりすぎてしまって，学業や研究に影響が出ないようにご注意してください。

7.7　ま　と　め

　本書ではページ数の制約で取り上げることができなかったけど，ぜひプログラミング練習として取り組んでほしい典型問題を紹介しておきます。

- ナップサック問題—最小部分和問題の一般形式です
- ダイクストラ法—典型的な最短経路問題と解法です。乗換案内やカーナビなどに利用されています
- 巡回セールスマン—NP 困難な問題の典型的な例題です。近似解を含めると，解法がいろいろあります

　また，より上級のアルゴリズム問題は，競技プログラミングの練習サイトで練習することができます。いくつか練習サイトはありますが，AOJ（Aize Online Judge）は，初学者から取り組みやすい問題がそろっています。

- AOJ：http://judge.u-aizu.ac.jp/onlinejudge/

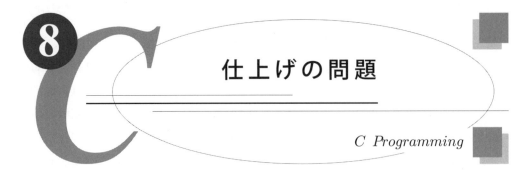

8 仕上げの問題

C Programming

本演習書の仕上げとして，プログラミングの総合力が求められる問題を選んでみました（最終章だからといって特別に難しいというわけではありません）．

どのように問題を分解して，プログラムを組み立てるのか？効率のよいアルゴリズムを選ぶのか？それよりも開発スピードを選ぶのか？などアプローチはいろいろあります．その結果，得られるコードも千差万別となります．

8.1 ベンチマーク

C 標準ライブラリは，効率のよいアルゴリズムや実装方法が使われていると期待されます．しかし，ソースコードが公開されていなければ，どのようなアルゴリズムで実装されているか不明です．そこで既知のアルゴリズムと比較しながら，プログラムの性能を評価する方法を学んでみましょう．

> **問題 8.1:** C 標準ライブラリの strstr(s,t) は，文字列 s の中から部分文字列 t を探す関数である．つぎの方法で strstr(s,t) の性能を評価する．
> (1) strstr(s,t) と同じ機能をもった文字列マッチング関数をいくつか実装する
> (2) ベンチマークデータとして，入力文字列 $a^m b$，部分文字列 $a^n b$ $(n < m)$ を用いる（なお，$a^m b$ とは文字 a を m 個繰り返したのち，b が来るような文字列である）
> strstr(s,t) と比較用アルゴリズムの実行時間を比較し，strstr(s,t) の性能に対し考察を述べよ．

【難度 Up! (★★★★)】 Boyer–Moore 法などの，効率よい文字列マッチングのアルゴリズムと比較する

解説

文字列マッチングは，アルゴリズムや実装方法によって大きな性能差が生じます．（実用的

には，strstr(t,s) を使えば十分ですが，)文字列マッチングアルゴリズムを勉強しいろいろ実装してみるのはよい練習になります。最もナイーブな文字列マッチングは，**総当り**（brute force）**法**です。つぎのように，i 番目から始まる文字列 s[i+j] と t[0+j] を j を増やしながら比較し，すべてマッチしたらその位置を返すようにします。

```
const char* match(const char s[], const char t[])
{
   int slen = strlen(s);
   int tlen = strlen(t);
   for(int i = 0; i <= slen - tlen; i++) {
      bool matched = true;
      for(int j = 0; j < tlen; j++) {
         if(s[i+j] != t[j]) {
            matched = false;
            break;
         }
      }
      if(matched) {
         return &s[i];
      }
   }
   return NULL;
}
```

総当り法の効率は，最悪の場合 $O(MN)$ になります。また，上のコード例は，かなり軽く書いてあるので，性能的にもチューニング[†] されているとはいえません。例えば，内側のループを memcmp() に置き換えるだけで大幅な性能向上になります。

総当り法に対し，効率のよい文字列マッチングのアルゴリズムは数多く考案されています。代表的なものは以下のとおりです。

- Knuth–Morris–Pratt, KMP 法
- Boyer–Moore, BM 法
- Karp–Rabin, KR 法

もしどれか実装してみようと思うのなら，理論的性能も $O(M/N)$ と優れている BM 法をオススメします。BM 法の詳細は，アルゴリズムの教科書に譲りたいと思いますが，部分文字列を先頭からではなく後ろ側からマッチし，ミスマッチしたときはあらかじめつくってあったテーブルで効率よくスキップします。

さて，いくつか比較するアルゴリズムが実装できたら，ベンチマークによる性能評価をしてみましょう。コンピュータの計時機能には精度の限界があるので，ある程度大きな入力データを用意するのがコツです。また，コンピュータ上ではさまざまなプロセスが並行して動い

[†] 軽く書いたコードは，チューニングすると 2〜3 倍程度早くなります。

ているため，実行時間はバラつきます．複数回，同じプログラムを実行し，計測時間の平均値を求めるようにします．

つぎは，$M = 100000$, $N = 10000$ のときの実行結果でした．bf は総当り法，bm は BM 法の実行結果を意味します．

```
$ match
strstr  73.879150[ms]
bf    2439.077148[ms]
bm     137.322021[ms]
```

実行性能が測定できたら，結論に飛び付く前に，落ち着いてコンパイラのバージョンや最適化オプションを記録するようにしておきましょう．

特に，性能評価をするとき，初心者が忘れがちなのが コンパイラ最適化オプション です．コンパイラの最適化は，-O0（最適化なし）に始まり，-O1, -O2, -O3 とより高度な最適化アルゴリズムが適用されるようになっています．ただし，やみくもに高い最適化がよいわけではありません．コンパイル時間が長くなりますし，つねに性能向上に貢献するともかぎりません．ただし，なにも指定しないと，-O0 なので注意してください．

もし strstr のほうが bm より速かったら，(たぶんコンパイラ最適化オプションを忘れているので，) make するときに，CFLAGS=-O2 のように最適化レベルを追加してみてください．

```
$ make match CFLAGS=-O2
```

先ほどのベンチマークを，-O2 オプションを付けて計測し直すとつぎのようになります．

```
$ match
strstr  78.030029[ms]
bf     555.525879[ms]
bm      28.659912[ms]
```

総当り法と BM 法の性能が大きく改善しました．コードの内容にもよりますが，最適化オプションを付けると，3 倍から 5 倍程度の性能向上が見込めます．strstr の性能が大きく変わらないのは，最適化コンパイルずみのライブラリを使っていたからです．

さて，この結果からは，strstr(s,t) は多分，BM 法とは異なるアルゴリズムで実装されていると推察できます．BM 法のほうが性能がよいからといって，strstr(s,t) の代わりに使うという結論に至るのは少々早計です．

今回の測定に使ったベンチマークデータは，BM 法と相性のよいデータだったからです．一般的にベンチマークの注意すべき点といえるのですが，プログラムの性能は入力データの特性によって変わります．

ベンチマークデータのパラメータを変更し，$M = 100000, N = 1$ で計測してみると

```
$match
strstr   0.555908[ms]
bf       0.211914[ms]
bm       0.737793[ms]
```

今度は，BM 法が一番遅くなり，最もシンプルな総当り法がよい結果となります。これは，BM 法はスキップテーブルをつくるオーバーヘッドがあるため，入力サイズが小さくなるとメリットが減るからといえます。

標準 C ライブラリの `strstr()` は，必ずしも最速ではありませんが，さまざまな文字列の入力に対して，大きな性能の浮き沈みなく，平均的によい結果が得られるようにつくられています。だから，安心して利用できるライブラリといえます。

8.2 アルゴリズムの選択

簡単な整列プログラムからアルゴリズムと実装方法の選択をする練習をしましょう。

★★★

> **問題 8.2:** 990 満点の英語テストがある。受験データはつぎのような構造体（id：受験番号，score：得点，rank：順位）の配列に格納されているものとする。
>
> ```
> struct student {
>   int id;
>   int score;
>   int rank;
> };
> ```
>
> 各受験生に対し，得点上位者から順位を付け，rank に記録するプログラムを作成せよ。なお，全国規模の英語試験であり，受験生の数は 100 万人，ひょっとしたら 1000 万人の受験生が想定される。

【難度 Up!（★★★★）】 $O(N)$ のアルゴリズムをつくる

解　　説

アルゴリズム選択とは，アルゴリズムの特性（計算量，空間消費量）と実装しやすさを天秤にかけながらプログラミングすることです。

入力データ数が十分に少ない場合は，実装のしやすさを重視して，$O(N^2)$ の整列アルゴリズムを使っても構いません。しかし，今回の用途では，$O(N \log N)$ の整列アルゴリズムの中

から選択します。

- クイックソート（quicksort）
- マージソート（mergesort）
- ヒープソート（heapsort）

この中で，最も実装しやすいのは，たぶんクイックソートでしょう。なぜなら，標準Cライブラリ qsort() として提供されているからです。あえて，マージソートやヒープソートで実装し直すという理由も見当たりません。

いったん，qsort ライブラリを使うと決めたら，この問題はライブラリの API 仕様書を読んで正しく使う練習にすぎません。注意すべき点は，ライブラリ関数は，さまざまな用途のプログラムで利用しやすいように汎用性をもたせてつくられることが多く，機能やデータ構造が抽象化されています。

例えば，関数 qsort() は，任意の配列をソートできるようにするため，要素の比較する方法を関数ポインタ compar で渡すようになっています。

```
void qsort(
   void *base,
   size_t nel,
   size_t width,
   int (*compar)(const void *, const void *));
```

関数ポインタ compar は，strcmp() と同様に大小を比較し，等しければ 0 を，小さい場合は負の数を，大きい場合は正の数を返す関数となります。今回は，構造体 struct student がポインタで渡されるので，キャストしてから score を比較する関数 score_compar() を定義します。そして，これを sqrt の引数に渡して利用します。

```
int score_compar(const void *a, const void *b)
{
   return ((struct student *)a)->score - ((struct student *)b)
      ->score;
}
```

ライブラリは，抽象設計されすぎてわかりにくいことがあります。「ライブラリの使い方で苦労するなら自作したほうが楽なのでは？」と感じるものですが，ライブラリを素直に使うのはいかなる場合も正しい道です。

ただし，すべての場合においてライブラリの利用が最善というわけではありません。

今回は，アルゴリズム効率の面から，自作の余地も残っています。一般に，整列アルゴリズムの効率は，$O(N\ logN)$ が上限ですが，入力データの特殊性を生かせば，$O(N)$ で整列できることもあります。

ポイントは，整列すべき値（スコア）が 0～990 の間で整数値として存在していることで

す。配列を使って，x 点をとった受験生の数をカウントしてみましょう。

```
for(int i = 0; i < N; i++) {
    count[students[i].score]++;
}
```

990点満点の人は，明らかに1位となります。989点の人の順位は，990点の人が何人いるかに依存しますが，先ほどの得点ごとの受験者数を使えば，count[990] + 1 位になります。988点の人は... と，あとは繰り返し，順位を計算してゆくことができます。

このような整列アルゴリズムを カウンティングソート （counting sort）と呼びます。2重ループをまわす必要がないので計算量は $O(N)$ となり，明らかにクイックソートよりも高速です。

このように，ライブラリは汎用的な目的でつくられているので，データや用途に特化すると，より効率のよいコードが書けることも少なくありません。そういう場合は，自作するのも悪い道ではありません（判断の難しいところです）。くれぐれも， 車輪の再発明 をしてしまわないようにしましょう。

8.3　ワードカウント

ワードカウントは， Map–Reduce などの並列プログラミングの例題に使われる簡単なプログラムです。プログラミング言語が HashMap などの ハッシュ表 を用意していれば，単語をキーとして出現した単語数を数えるだけです。ただし，C言語の場合は，ハッシュ表などのライブラリがそろっていないため，そこから準備することになります。これが正直，かなりの手間です。どう対応するか問われるポイントといえます。

問題 8.3: 英文テキストをファイルから読み，出現する各単語の数をカウントするプログラムを作成せよ。

解　説

まず，アルゴリズムに依存しない部分をつくってしまいましょう。英文ファイルを読み込んで，単語を空白文字で切り出します。単語を切り出したら，count(word) を呼び出します。

```
char word[BUFSIZ] = {0};
int len = 0;
for(; (ch = getchar()) != EOF; ) {
    if(!isspace(ch)) {
        word[len] = ch;
```

```
            len++;
        }
        else { /* isspace(ch) */
            word[len] = 0;
            if(len > 0) {
                count(word);
            }
            len = 0;
        }
    }
```

今回は，いくつかのアルゴリズムと実装を比較してみます。そこで，「設計と実装」の分離をするアプローチでコーディングしてみます。

まず，各単語ごとにカウントするデータ構造を struct entry として定義します。これを単語エントリと呼ぶことにします。

単語エントリはなにかしらのデータベースで管理されるものとします（設計段階だから具体的なデータベースは考える必要ありません）。データベースへの操作として，必要な関数 getentry() と addentry() をプロトタイプ宣言で定義しておきます。

```
struct entry {
    const char *word;
    long count;
};

struct entry *getentry(const char *);
struct entry *addentry(const char *);
```

まだ，関数定義の実体がないから，関数インタフェースと呼びます。それぞれの関数はつぎのような機能をもっているものと想定します。

- addentry—新しい単語エントリを登録する
- getentry—すでに登録された単語エントリを検索する

このようにデータ構造とインタフェースを定義するところまでが「設計」に相当します。

まだ，具体的なデータベースの実装はなにもしていませんが，設計だけすませておけば，ワードカウントするプログラムを先につくることができます。

```
void count(char word[]) {
    struct entry* e = getentry(word);
    if(e == NULL) {
        e = addentry(word);
    }
    e->count++;
}
```

このように設計と実装を分離するメリットは、アルゴリズムが変更になっても、同じgetentry()とaddentry()の関数インタフェースで実装されていれば、変更なしにcount関数から呼び出すことができます。

残りは、具体的なデータベースの実装、つまりそのアルゴリズムを考えていきます。今回は、比較するアルゴリズムとして、以下の三つの方針を検討します。どの方針が一番よいのかは、実際に実装してコストも比較してみてください。

方針 (1) 線形探索と二分探索

方針 (2) 二分探索木

方針 (3) ハッシュ表

以下、一つずつ説明していきます。

方針 (1) 線形探索と二分探索

まず最初に浮かぶ簡単な実装方法は以下のような線形探索でしょう。線形探索は $O(N)$ アルゴリズムですが、世の中のプログラムは、単純さが好まれて、線形探索で実装されることも少なくありません。

```
struct entry* db = ...;
size_t dbsize = ..;

struct entry* getentry(const char *word) {
    for(int i = 0; i < dbsize; i++) {
        if(strcmp(word, db[i].word) == 0) {
            return &db[i];
        }
    }
    return NULL;
}
```

ワードカウントの応用では、単語数が大きくなると性能的に厳しくなることが予想されます。そこで二分探索は使えないかと思案するわけですが、ワードカウントでは毎回検索してから追加するので、addentry()のたびに整列が必要になります。これは、$O(log\ N)$の二分探索を実現するため、$O(N\ log\ N)$の整列を加えることになります。

ただ、まだあきらめる必要はありません。二つのアルゴリズムを弱点を補う形で組み合わせるハイブリッド方式があります。線形探索の上限個数Lを設定し、Lに到達するまでは線形探索します。Lを超えたら二分探索のほうに加え整列します。再び、新しいエントリは、新たに上限Lに達するまで、線形探索側に追加していきます（図**8.1**）。

このハイブリッド方式は、実用性を損なわず、$O(logN)$に押さえ込めます。ポインタ操作

178   8. 仕上げの問題

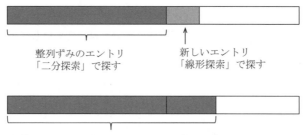

図 8.1 二分探索と線形探索のハイブリッド

を必要としないことで，ポインタが苦手な人でも実装できます。

方針 (2)   二分探索木をつくる

二分探索木を用いれば，線形探索と二分探索のハイブリッドなど考えず，もう少し素直に $O(\log N)$ の探索が実現できます。

二分探索木のノード struct bentry 型 を，つぎのように struct entry 型の部分型として定義します。getentry() は，アップキャストして探索結果を返すようにすれば，関数インタフェースとの互換性も保たれます。

```
struct bentry {
   const char *word;
   long count;
   struct bentry *left;
   struct bentry *right;
};
struct bentry* getbentry(const char *word, struct bentry *node
   ) {
   if(node == NULL) {
      return NULL;
   }
   int cmp = strcmp(node->word, word);
   if(cmp == 0) {
      return node;
   }
   if(cmp < 0) {
      return getbentry(word, node->left);
   }
   esle {
      return getbentry(word, node->right);
   }
}
```

```
struct bentry *top = NULL;

struct entry* getentry(const char *word) {
   return (struct entry*)getbentry(word, top);
}
```

addentry() は，strcmp() で比較し，小さければ左 (left)，大きければ右 (right) に木を成長させていきます。二分探索木は，初期状態により左右のバランスが悪くなることがありますが，そのような場合は，平衡二分探索木のような左右のバランスをとる方法を検討する必要があります。ワードカウントの場合は，辞書みたいに特殊に偏った入力でもないかぎり，アンバランスが生じないと期待してもよいでしょう。

方針 (3) ハッシュ表をつくる

汎用的なハッシュ表ライブラリを開発するのはかなりの労力を要します。だから気分としては避けたいところですが，ワードカウントの応用だけに限定すると，ハッシュ表をつくるのも意外と悪くありません。

ハッシュ表 (hash table) は，文字列など整数以外の値をインデックスとする配列です。文字列はそのまま配列のインデックスに使えないので，いったんハッシュ関数 hash() を使って，ハッシュ値と呼ばれる整数に変換します。

```
#define HASHMAX 1000007
struct entry hashtable[HASHMAX] = {0};

struct entry *getentry(const char *word)
{
    // ハッシュ衝突を考慮しない場合
    return &hashtable[hash(word) % HASHMAX];
}
```

文字列のハッシュ値は，つぎのハッシュ関数ように素数を掛けながら計算するとほどよく分散した値が得られることが知られています。

```
uint32_t hash(const char s[])
{
   uint32_t hash = 7;
   size_t len = strlen(s);
   for (int i = 0; i < len; i++) {
      hash = hash * 31 + ((uint32_t)s[i]);
   }
   return hash;
}
```

8. 仕上げの問題

ここで，異なる文字列でも同じハッシュ値（ハッシュ衝突）になることに注意しなければなりません。ハッシュ表の実装では，ハッシュ衝突を処理する方法として，オープンアドレス法や連鎖法が知られています。ワードカウントでは，英単語数は10万語もあれば十分そうなので，十分に大きな配列を最初に確保すれば，ハッシュ表の拡張（rehash）をする必要はないでしょう。そのため，素直に連鎖法を使うのがよいでしょう。

単語エントリは，struct entryの部分型として線形連結リストが使えるように拡張します。

```
struct hentry {
   const char *word;
   long count;
   struct hentry *next;
};
```

ワードカウントでは，十分に大きなハッシュ表をつくれば，ほぼハッシュ衝突が発生しないことが期待できます。したがって，理想的な計算量は $O(1)$ になります。

8.4 仕様変更

現実のプログラミングでは，いろいろな理由で要求変更，仕様変更を余儀なくされることがあります。このようなときの対処法を先ほどのワードカウントから見てみましょう。

問題 8.4: ワードカウント（問題8.3）は，出現頻度の低い単語のため，大きなメモリ消費する。そこで，単語のエントリを最大 N 個に限定し，N 個を超えたときは「最後に参照されてから最も長い時間が経ったもの」から消すようにして，メモリを節約したい。このような改良版ワードカウントをつくれ。

【ヒント】 LRU（least recently used）を応用する

解　説

LRU（least recently used）は，いくつかあるキャッシュ置換アルゴリズムの中でも定番の一つで，「最近，使用したキャッシュは今後も使用頻度が高い」という予想に基づいています。言い換えると「最後に参照されてから最も時間が経ったキャッシュ」から置き換えていくという戦略になります。今回は，最後に参照されてから最も時間が経ったキャッシュは，そんなに重要でないから消しても構わないとなります。

LRUは，アイデアはシンプルですが，実装するとなるとひと工夫必要となります。文字どおり，各キャッシュエントリに参照した時刻を記録し，一番古いものを探して消すという方

法ではキャッシュ機構としての性能要求は満たしません。というわけで，プログラマとしての力量†をはかるよい課題といわれています。

LRU をソフトウェアで実装する方法は，図 8.2 のように，双方向連結リストでキューをつくります。最も最近に参照したキャッシュをキューの先頭に追加するようにします。すると，キューの末尾は「最後に参照されてから最も時間が立ったキャッシュ」となります。ポイントは，すでにキューに登録されているキャッシュも，getentry() したとき先頭にもっていくことです。このときのリンクつなぎ直しのため，双方向連結リストを使っているわけです。

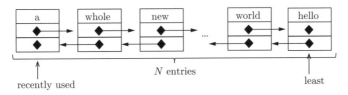

図 8.2 双方向連結リストによる管理

あとは，キューの長さが N を超えたら，一番最後のキャッシュを削除するようにします。こうすることで，メモリ使用量を一定に保つことができます。

この問題では，もう一つポイントがあります。問題 8.3 で実装したワードカウントは単語エントリを消すという操作に配慮していません。削除機能を追加実装することになります。

各方式と単語エントリの削除の相性をまとめてみると：

- 線形探索/二分探索のハイブリッド—— 同じくコストを回避するため，削除リストをつくると，プログラムがかなり複雑化する
- 二分探索木—— 単語エントリを削除すると，部分木の再構成が必要となる
- ハッシュ表（連鎖法）—— エントリを探して消すだけなので，比較的簡単

このように削除機能まで含めて考えると，またまた実装方式のよし悪しは変わります。個人的には，削除機能が必要なら，ハッシュ表の一択で実装し直したいところです。下手に実装を追加するより，コードを放棄して「筋（すじ）のよい」方法で再実装する方がトータルで早いことも少なくありません。

現実のプログラミングでは，いろいろな理由で仕様変更を余儀なくされることがあります。当初のプログラミングのとき，あまり最適に切り詰めてアルゴリズムや実装方法を考えると，あとから拡張しにくくなります。一昔前は，ある程度の将来の拡張を見越した設計と実装を選ぶのが経験豊富な開発者と呼ばれました。しかし，そうすると冗長な設計や実装になり，開発スピードも遅くなります。せっかく拡張性をもたせても，結局拡張されないことのほうが

---

† 全部のデータをメモリにとっておくと，メモリ消費を圧迫するケースが多くあります。腕のよいプログラマは，FIFO や LRU を適切に使って，メモリ消費を抑えるコードをさらっと書けます。

多いものです。最近は，あまり拡張性は考えず，スピードよくシンプルに書いて，どんどん書き直すというスタイルも推奨されています。

8.5 10 パズル

10パズルは，さまざまな解法が考えられます。問題7.2を活用するのなら，逆ポーランド記法に変換して計算することも考えられます。構文木を直接，生成して計算するようにしても構いません。今回は，力技で押し切る方法で解いてみます。

> **問題 8.5:** 10パズルとは，与えられた4桁の数字と四則演算を使って10をつくるパズルである。例えば，5558の場合は，つぎのように3通りの方法で10をつくることができる（10パズルでは並び順は変更しても構わない）。
>
> $$((5+5)-8) \times 5 = 10$$
> $$((8-5) \times 5) - 5 = 10$$
> $$((5+5) \div 5) + 8 = 10$$
>
> ユーザが入力した4桁の数字に対し，四則演算に余算（%）を加えたとき，何通りの解があるか表示するプログラムを作成せよ。

★★★★

解　　説

D_0, D_1, D_2, D_3 を1桁の整数（$0 \leq D_0, D_1, D_2, D_3 \leq 9$），$?_0, ?_1, ?_2$ を演算子 $?_0, ?_1, ?_2 \in \{+, -, *, /, \%\}$ とします。演算子の優先度を組み合わせると，つぎの五つの組合せを考えることになります。

$$((D_0 \ ?_0 \ D_1) \ ?_1 \ D_2) \ ?_2 \ D_3 = 10$$
$$(D_0 \ ?_0 \ (D_1 \ ?_1 \ D_2)) \ ?_2 \ D_3 = 10$$
$$((D_0 \ ?_0 \ D_1) \ ?_1 \ (D_2 \ ?_2 \ D_3)) = 10$$
$$D_0 \ ?_0 \ ((D_1 \ ?_1 \ D_2) \ ?_2 \ D_3) = 10$$
$$D_0 \ ?_0 \ (D_1 \ ?_1 \ (D_2 \ ?_2 \ D_3)) = 10$$

ポイントは，演算子を抽象化することです。関数ポインタを使って演算子をデータとして扱えるようにします。例えば，加算演算子+は，つぎのように関数 add(x, y) を定義し，その関数ポインタを使います。

8.5 10パズル

```
int add(int x, int y) {
   return x + y;
}
```

関数ポインタを頻繁に使うので，関数ポインタの opfunc 型を定義し，配列に登録しておきます。

```
typedef int (*opfunc)(int, int);

#define OP 5
static opfunc opset[OP] = {
   add, sub, mul, div, mod
};
```

また演算子を表示するとき，関数ポインタから演算子（の記号）に変換する必要があるので，そちらも準備しておきます。

```
static int opcharset[OP] = {
   '+', '-', '*', '/', '%'
};
static int opc(opfunc f) {
   for(int i = 0; i< OP; i++) {
      if(opset[i] == f) {
         return opcharset[i];
      }
   }
   return '?';
}
```

あとは，この関数ポインタを使って，数値を計算します。例えば，$((D_0 \,?_0\, D_1) \,?_1\, D_2) \,?_2\, D_3$ の式は，（ちょっとめまいがしますが）つぎのようになります。

```
int left(int d[], opfunc op[])
{
   return op[2](op[1](op[0](d[0],d[1]),d[2]),d[3]);
}
```

演算子の優先度の組合せも 5 パターンあるので，こちらも関数ポインタとして配列 exprset[5] に登録しておきましょう。あとは，この五つの式を順番に関数呼び出しして 10 になるか調べていきます。

```
void check(int d[], opfunc op[]) {
   for(int i = 0; i < EXPR; i++) {
      if( setjmp( jbuf ) == 0 ) {
         if(exprset[i](d, op) == 10) {
            p(i, d, op);
         }
```

```
        }
    }
}
```

最後に，一つ注意したいのは，0で除算（0除算，余算）したときの例外処理です．ここでは，問題 5.10 の `setjmp/longjmp` を使っています．`div()` 関数を用意するとき，引数を事前にチェックし，0 除算が発生する前に `longjmp` するようにします．

```
jmp_buf jbuf;

int div(int x, int y)
{
    if(y == 0) {
        longjmp(jbuf, 1);
    }
    return x/y;
}
```

もし `setjmp/longjmp` を使いたくない場合は，例えば 999999 のようなどう計算しても 10 にならない値を返しても構いません．

あとは，数字 4 桁の順列（問題 3.4 を参照）と演算子 5 種類の組合せを全探索することで，すべてのパターンを探すことができます．

8.6 完全情報ゲーム

定番のオセロゲーム† をつくってみましょう．AI（artificial intelligence，人工知能）やゲームプログラミングの要素がたっぷりと詰まっています．

問題 8.6: 人間対コンピュータ対戦のオセロゲームをつくれ． ★★★

【難度 Up!（★★★★）】 先読み ミニマックス (min–max) 法を導入して，人間と互角の強さにする

【難度 Up!（★★★★★）】 対戦相手のレベルに合わせて勝ちすぎない

解　説

オセロゲームは，定番のボードゲームです．コンピュータの先読みなしであれば，ここまで進んだ読者の実力なら，それほど難しくないでしょう．

- 盤上と石を表現するデータ構造を決める

---

† オセロ・Othello は登録商標です（TM & Othello,Co. and MegaHouse）．

8.6 完全情報ゲーム

- 盤上の石を表示する関数 `display()` をつくる
- あるマス目に石を配置できるか判定する関数 `check()` をつくる
- 盤上に石を置いたとき，対戦相手の色をひっくり返す関数 `reverse()` をつくる

ここまで準備をしたら，どこに石を置くか決定する関数をつくります。これも基本的には難しくありません。まず，`check()` 関数を使って配置できるマス目を調べます。その中から，評価関数を使って最も高評価になるマス目を探します。

ゲームプログラミングは，一にも二にもコンピュータの指向を決める評価関数のつくり方次第です。

オセロの場合は，4隅に置くと有利ということが知られています。このような経験を生かしマス目を得点表にして評価関数を定義します。もちろん，どのマスを何点と評価するかは開発者次第です。また，局面ごとに得点表を切り替えるのもよいですし，対戦相手の石差を評価に加えるのもよいでしょう（図 **8.3**）。

8	2	6	6	6	6	2	8
2	2	4	4	4	4	2	2
6	4	2	2	2	2	4	6
6	4	2	0	0	2	4	6
6	4	2	0	0	2	4	6
6	4	2	2	2	2	4	6
2	2	4	4	4	4	2	2
8	2	6	6	6	6	2	8

図 **8.3** オセロのマス目の得点表

どんなに優れた評価関数を使っても，人間に勝てるようにするのは難しいでしょう。やはり達人が行っている「N 手先を読む」を探索アルゴリズムとしてつくる必要があります。

探索問題として解くために，まず ゲーム木 (game tree) をつくります。これは，現在の局面をトップノードとして，コンピュータが石を置くことができる候補を探し，つぎの局面を枝として展開します。相手も，それぞれの局面において候補を探し，さらにゲーム木を深く展開するものとします（図 **8.4**）。

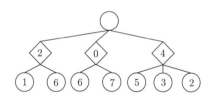

図 **8.4** 各構文木のデータ構造

オセロゲームの場合は，探索範囲が広すぎて，完全なゲーム木を構築することができません。そこで，適当な深さでゲーム木の構築を打ち切って評価することになります。そのとき，「相手は自分にとって最も嫌な手をプレイしてくる」という仮定に基づいて，相手の手を決めます。これを ミニマックス (min–max) 法といいます。

近年は，コンピュータの性能は大きく向上し，オセロゲーム自体は，将棋や囲碁に比べ探索範囲が狭いので，人間より強いオセロゲームをつくることも十分に可能です。ただし，より深い探索を可能にするためには，データ構造の工夫などのプログラミング技量も問われます。

ゲームは，人間より強いことが目標ではありません。強すぎても弱すぎても楽しくありません。最近のゲームは，人間側の行動をモデル化し，自動的にコンピュータの強度を調整し

ています。このような工夫を取り込むことができたら、もう世の中ですぐに活躍できる一流のプログラマです。

8.7 オセロ AI の対戦

問題 8.6 では、オセロ AI が開発されました。AI オセロ同士を対戦させて、最も強いオセロ AI を決めましょう。

★★★

問題 8.7: 各オセロ AI を対戦可能にする共通インタフェースを提供し、実際に対戦可能なフレームワークをつくれ。

【難度 Up! (★★★★)】 コンパイルずみのオセロ AI からロードする
【難度 Up! (★★★★★)】 オセロ AI のズル（不正行為）を防ぐ

解説

フレームワーク (framework) とは、モジュール化されたサブプログラムを動作させる基盤です。各サブプログラムが、仕様どおりのインタフェースで開発されれば、サブプログラムの実行が可能な基盤となります。

今回は、課題 8.6 で開発されたオセロ AI を対戦させるフレームワークをつくります。前提として、各オセロ AI は、データ構造も内部状態の実装も異なります。対戦フレームワークの設計としては、できるかぎり修正少なく、たがいのオセロ AI を接続できるようにすることが求められます。

まず、対戦フレームワークは仲介者として、二つの AI オセロに対戦させるための通信内容を考えます。

- 対戦フレームワークは、AI オセロに対し、対戦中の盤の状態を伝え、オセロ AI が置くべき石の色を指示する
- オセロ AI は、（その回答として）選択した石の位置を返す

ソフトウェアを設計するときは、このような通信のやり取りでモジュール間の関係をモデル化すると便利です。重要な点は、通信のやり取りによる設計は、関数インタフェースに置き換えることができる点です。ここでは、オセロ AI 側がつぎの関数をラッパー関数として定義すれば、対戦フレームワークとのやり取りは可能になります。

```
int AIplay(int board[], int color);
```

このように、プログラム間の接続のため、関数の引数と戻り値だけ定義したものを**インタ**

フェース (interface) と呼びます。これは，オペレーティングシステムが C プログラムを起動するため要求している main() 関数と同じ要領といえます。

オセロ AI の対戦では，もう少しインタフェースが必要です。オセロ AI は，独自の内部状態をもっています。フレームワーク側は，内部状態を知る必要はありませんが，対戦前に初期化し，メモリリークを防ぐため対戦後に解放させる必要があります。これを，void *ポインタで受け渡しするようにすれば，AI オセロ側は，グローバル変数で状態を管理することなく，リエントラントな対戦が実現可能になります。

つぎは，オセロ AI の対戦用インタフェース関数を typedef で関数ポインタの型として宣言したものです。

```
typedef void (*AIinit)();  // 初期化
typedef int  (*AIplay)(void *ctx, int board[], int color);
typedef void (*AIfree)(void *ctx);  // 解放
```

対戦フレームワークは，AI オセロが提供するインタフェース関数を関数ポインタにバインドし，相互に呼び出すことで，対戦を実現できるようにします。

```
// 先攻 BLACK
AIinit AIinit0 = ...;
AIplay AIplay0 = ...;
AIfree AIfree0 = ...;

// 後攻 WHITE
AIinit AIinit1 = ...;
AIplay AIplay1 = ...;
AIfree AIfree1 = ...;

// 対戦開始
void *ctx0 = AIinit0();
void *ctx1 = AIinit1();
for(int i = 5; i < 65; i+=2) {
   int p = AIplay0(ctx0, board, BLACK);
   update(board, p);
   p = AIplay1(ctx1, board, WHITE);
   update(board, p);
}
AIfree0(ctx0);
AIfree1(ctx1);
```

残る問題は，オセロ AI の提供するインタフェース関数を対戦フレームワーク内の関数ポインタにバインドする方法です。二つの方法があります。

- 分割コンパイル——各オセロ AI には，別名のインタフェース関数を付けてもらい，そ

れらを extern し，静的リンクしてバインドする

```
extern void *ChidaAIinit();
extern int ChidaAIplay(void *, int *, int);
extern void ChidaAIfree(void *);
  ...
  AIinit AIinit0 = ChidaAIinit;
  AIplay AIplay0 = ChidaAIplay;
  AIfree AIfree0 = ChidaAIfree;
```

- 動的ローディング —各オセロ AI の ダイナミックリンクライブラリ としてコンパイルし，dlopen(), dlclose でバインドする（こちらは，同名のインタフェース関数名を付けてもらいます）

```
void *handle = dlopen("somefile.dylib", RTLD_LAZY);
  AIinit AIinit0 = (AIinit)dlsym(handle, "AIinit");
  AIplay AIplay0 = (AIplay)dlsym(handle, "AIplay");
  AIfree AIfree0 = (AIfree)dlsym(handle, "AIfree");
```

もし分割コンパイルを試したことがなければ，コンパイラのリンク機構 の原理を理解するために一度 make ファイルを書いてみるとよいでしょう．そうでなければ，動的ローディングのほうがいろいろ柔軟に対戦を運営しやすいでしょう．ただし，動的ローディングは，オペレーティングシステムごとに仕様が異なるシステムプログラミングとなります．

難度★★★★★は，不正防止，つまりセキュアコーディングに関わる問題です．現在のフレームワーク実装では，例えばオセロ盤の状態（board）を配列でそのまま渡しています．もし const 修飾子で保護していても，オセロ AI 側は自由に書き換え，ズルすることができます．これを防ぐにはどうしたらよいか，その原理的な対策を施すことが求められています．一方，オセロ AI のズルはいろいろ考えられます．それらに対し，脆弱な箇所を探して，すべてセキュアにしていきます．先程の board は，コピーしてから配列を渡すなどの対策が考えられます．しかし，故意にクラッシュさせて，勝負を無効にするなどの攻撃は，技術的に対策をとるのが難しいものがあります（それでも，オセロ AI を fork してサブプロセスで動作させるなどの対策は考えられます）．

8.8 制限付きの正規表現

正規表現マッチングは，構文解析（パーサ），抽象構文木 ，バックトラッキング など，さまざまなプログラミング要素を必要とします．情報系学科では「プログラミング」の仕上げ的な意図で出題される課題です．ここではちょっと制限を加えて簡単に解けるようにしてみました．

8.8 制限付きの正規表現   189

> **問題 8.8:** つぎのとおり定義される正規表現 r に対し，入力文字列 s がマッチするかどうか判定するプログラムを作成せよ．
> - 文字セット Σ は，英小文字 $\{a, b\}$ のみとする
> - 正規表現の構文 r は，文字，連結 $(r\,r)$，選択 $(r|r)$，繰り返し $(r*)$，グループ (r) から再帰的に定義される
>
> $(ab|b)*$ は正規表現によるパターンの例である．文字列 ab もしくは b の 0 回以上繰り返しにマッチするという意味になる．つまり，入力文字列 $abbab$ にはマッチするが，$abaab$ にはマッチしない．ただし，繰り返し $(*)$ は最長マッチング，選択 $r|r'$ は r を優先すると制限をつけて解釈してもよい．

【ヒント】 制限付きの正規表現は，再帰下降構文解析法 で解ける

【難度 Up! (★★★★★)】 （制限なしの）正規表現マッチングを実現する

解　説

正規表現は，テキストデータのパターンマッチングで広く使われる技術です．形式言語理論によれば，有限状態オートマントン (DFA, NFA) と等価であると知られています．

正規表現マッチングは，まず正規表現を構文解析し，抽象構文木 (abstract syntax tree) に変換します (図 **8.5**)．抽象構文木とは，与えられた正規表現を文字 (a, b)，連結 $(\cdot)$，選択 $(|)$，繰り返し $(*)$ をノードとして表現した木構造です．

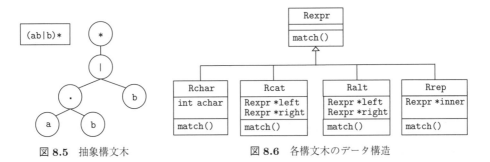

図 **8.5** 抽象構文木　　　　図 **8.6** 各構文木のデータ構造

抽象構文木の各ノードは，構造体を使って表現します．ここでは，オブジェクト指向設計法 (問題 5.8)† に基づいて構造体を定義してみます．構造体 `Rexpr` を基本型，文字 `Rchar`，連結 `Rcat`，選択 `Ralt`，繰り返し `Rrep` をその部分型として定義します．各ノードがマッチングする実装として，`match()` を関数ポインタとして用意しておきます (図 **8.6**)．

---

† より C 言語的に書くのなら，一つの構造体中に `union` で各ノードを表現し，`match()` をノードの種類ごとに `switch/case` でディスパッチします．

match() は，引数として，正規表現へのポインタ参照 r，入力文字列 s，文字列上のマッチする位置 start を受け取ります．マッチングに成功したときは，つぎにマッチする位置を，失敗したときは-1 を戻すことにします．

```
int match(Rexpr *r, const char s[], int start)
{
    return r->match(r, s, start);
}
```

あとは個別の match() 関数を定義します．

つぎは，Rchar 用の match() 関数の定義です．成功したら1文字進め，失敗したら-1を戻しています．

```
int Rchar_match(Rchar *this, const char s[], int start) {
    if(this->achar == s[start]) {
        return start+1;
    }
    return -1;
}
```

つぎは，Rcat 用の match() 関数の定義です．まず左側の正規表現のマッチをします．成功したら，左側が進んだ next の位置から右側の正規表現をマッチします．

```
int Rcat_match(Rchar *this, const char s[], int start)
{
    int next = match(this->left, s, start);
    if(next == -1) {
        return -1;
    }
    return match(this->right, s, next);
}
```

Ralt はバックトラッキングが発生します．まず左側の正規表現のマッチをします．もし成功したら（左側の可能性を試すことなく）進んだ位置を戻しておしまいです．もし失敗したら，左側が進んだ位置は無視して p の位置に戻して右側の正規表現をマッチします．

```
int Ralt_match(Rchar *this, const char s[], int start)
{
    int next = match(this->left, s, start);
    if(next != -1) {
        return next;
    }
    return match(this->right, s, start);
}
```

Rrep は貪欲に内部の正規表現がマッチするかぎり繰り返しています．これは最長マッチ

ングに相当します。失敗しても 0 回マッチしたことになるので，与えられた p の位置に戻します。

```
int Rrep_match(Rchar *this, const char s[], int start)
{
    int next = match(this->inner, s, start);
    if(next == -1) {
        return start;
    }
    return Rep_match(this, s, next);
}
```

実装例は，「再帰下降構文解析」という手法です．正規表現の再帰的なパターンを再帰関数でそのまま実装できるので，実装が簡単なのが特徴です．ただし，a^*ab は $aaaab$ にマッチしませんし，$(ab|a)b$ も ab にマッチしません．したがって，制限ありの正規表現となってしまいます．

難度★★★★★は，このような制限を取り外した正規表現マッチングの実装が求められます．よく知られた実装方法は，Thompson 構成法 に基づき，正規表現から NFA（非決定性有限オートマトン）に変換します．そして，NFA，もしくはさらに変換して DFA（決定性有限オートマトン）の状態遷移でマッチングします．

Thompson 構成法は，有名なアルゴリズムなので，コンパイラ構成法や形式言語論の教科書などにも掲載されています．オリジナルの論文は，ACM デジタルライブラリにあります（Ken Thompson：Programming Techniques: Regular expression search algorithm, *CACM*, **11**–6, pp.419–422（1967））．

コンピュータ科学の最先端の興味深いアルゴリズムは，同じように，毎年，ACM 主催国際会議，IEEE–CS 主催国際会議などで発表されています．情報系の学部 3, 4 年生では，これらの論文を読んで実装する能力が求められるようになります．ぜひ，オリジナル論文に挑戦し，プログラミング力を高める一つの目標としてみてください．

8.9 自　由　課　題

プログラミング入門の最終課題にふさわしい問題です．

★★★

問題 8.9: 学んだことを生かして自由にプログラムをつくってみよう．

【難度 Up!（★★★★）】　オープンソースライブラリを組み込んで開発する
【難度 Up!（★★★★★）】　友人や知人からユーザ評価を受ける

解　説

プログラミングの楽しさは，パソコン一つで，自分のつくりたいものをつくれるようになることです。ぜひ，創意工夫のある楽しいプログラムを書いて，友達や教員に見てもらってください。

この問題の正解は，プログラムを使ってみた利用者の声です。素晴らしいと賞賛されるように工夫して開発してみてください。

（コラム）　よいコードとよいソフトウェア

本書は，よいコードを書くことに主眼を当てて，練習を重ねてきました。しかし，注意してほしいのは，「よいコードを書くこと」と「よいソフトウェアをつくる」ことは必ずしもイコールではありません。

よいソフトウェアとはなんでしょう？

よく日本はソフトウェアが弱いという報道や記事がありますね。実際にメーカーの人から同様な相談を受けることがあります。しかし，ほとんどの場合は，ソフトウェア開発の技術力が不足しているのではなく，もっと別の事情によるところが大きいです。それは，メーカーが自社ハードウェアを売るために自社のハードウェアでしか動かないソフトウェアを書いているのが主な原因であり，それゆえそれを使うユーザには魅力が少なく，当然ですがユーザ数が伸びずにそのソフトウェア開発が停滞するといった事情によるものです。

ソフトウェアのよし悪しは，ユーザから評価の高いこと，もっといってしまえば，ユーザ数の多さで決まります。そもそも，ソフトウェアは，ハードウェアに比べ「変化させやすいもの」という対比から来ています。どんどん改良されて変化するのは本質です。しかし，ユーザから評価が低いソフトウェアは誰からも使われなくなり，開発は中断されます。

十分に練習を重ねプログラミング技量が向上した人は，ソフトウェア開発にも自信がつくでしょう。ユーザはコードを見る機会はないので，残念ながらコードのよし悪しが直接，ソフトウェアの評価につながりません。

索　　引

【あ】
アサーション	25
値渡し	81
アップキャスト	122
アドレス演算子	78, 79
アロー演算子	97

【い】
インタフェース	186
インデックス	51
インデント	23
インライン展開	15, 65

【え】
エスケープシーケンス	4
エラーメッセージ	2
エラトステネスのふるい	63
エントリ	99

【お】
オープンアドレス法	180
オープンソースライブラリ	151
オブジェクト	127
オブジェクト不変性	115
愚かなキャスト	122

【か】
カーネル領域	79
ガベージコレクション	103, 128
カウンティングソート	175
返り値	11
型安全性	118, 120
型強制	33, 34
型検査	123
可変長配列	94
可変引数	112
関数インタフェース	176
関数コール	11
関数適用	11
関数の返り値	11
関数の戻り値	11
関数ポインタ	108
関数を呼ぶ	11
間接参照	81

【き】
記号定数	40
偽　値	8
帰　着	163
基本型	121
キャスト演算子	34
キュー	155
共用体	119

【く】
クイックソート	160, 174
グローバル変数	79

【け】
警　告	24
計算機イプシロン	42
計算量	162
契約的プログラミング	26
ゲーム木	185

【こ】
構造体	95
構文解析	188
コードレビュー	23
ゴール指向	44
コールスタック	25
コールバック関数	153
コマンド引数	136
コンストラクタ	127
コンパイラ型	2
コンパイラ最適化	172

【さ】
再帰下降構文解析法	158, 189
再帰関数	21
再帰構造	17
最大公約数	28
最適化	172
再利用	31
先入れ先出し	155
先読みミニマックス法	184
サニタイジング処理	139
算術ライブラリ	9
参照化	81
参照カウント方式	129
参照透過性	73
参照渡し	81

【し】
シーザー暗号	60
式	7
事後条件	26
事前条件	26
実行時エラー	144
車輪の再発明	10
ジャンプテーブル	15
主記憶装置	78
巡回セールスマン	169
条件コンパイル	41, 149
条件分岐	13
真　値	8

【す】
スコープ	6
スタック	157
スタックオーバーフロー	25, 103
スタックマシン	157
スタック領域	79
スワップ	56, 83

【せ】
正規表現マッチング	139
脆弱性	116
整数オーバーフロー	74
静的型検査	123
静的型付き言語	10
静的メモリ確保	88
静的領域	79
セグメンテーション違反	88, 104, 105

設計と実装の分離	176	
セル	99	
0除算	184	
漸近的計算量解析	162	
線形合同法	58	
線形探索	177	

【そ】

総当り法	171
操作的意味論	86
双方向連結リスト	181
添字	51
ソケット	151

【た】

ダイクストラ法	169
ダイナミックリンクライブラリ	188
代入	5
ダウンキャスト	122
多言語文字コード	141
多次元配列	71
多重定義	31
多態性	126
脱参照化	81
多倍長整数	74
探索問題	41
単精度浮動小数点数	4
単方向連結リスト	156

【ち】

抽象化	12
抽象構文木	188, 189

【て】

定数ポインタ	114
テキスト領域	79
デバッガ	104
デバッガコマンド	106
デバッグ	23

【と】

糖衣構文	34
統合開発環境	3
動作確認	2
動的型検査	123
動的計画法	167
動的束縛	126
動的メモリ確保	88
動的ローディング	188
ドット演算子	96

トレースGC	131
貪欲法	167

【な行】

ナップサック問題	169
二分探索	177
二分探索木	178
二分法	42
ヌル文字	62

【は】

パーサ	188
バージョン管理システム	108
倍精度浮動小数点数	4
排他的論理和	8
ハイブリッド方式	177
配列	50
端数処理	36
バスエラー	105
派生型	121
バックトラッキング	188
バックトレース	104
ハッシュ関数	179
ハッシュ表	175, 179
――の拡張	180
バッファオーバーラン	92, 116
バッファリング	143
ハノイの塔	66
幅優先探索	166
バブルソート	55
パラメータ	12, 40
パラメータ化	12
反復深化深さ優先探索	166

【ひ】

ヒープソート	174
ヒープ領域	79, 87
ビット演算	7
ビットマスク	36
否定	8
ピボット	160
標準エラー出力	143
標準エラーストリーム	140
標準算術ライブラリ	9
標準出力	4
標準出力ストリーム	140
標準入力ストリーム	140
標準ライブラリ	37

【ふ】

ファイルポインタ	140

フィボナッチ数列	73
フォールトトレラント	146
深さ優先探索	164
部分型	121
不変性	114
フラグ	64
プリプロセッサ	14, 113
プロトタイプ宣言	12, 176
分割コンパイル	187
分割統治法	159
分岐キャッシュ	45
分岐予測	45

【へ】

平衡二分探索木	179
変数宣言	6
変数渡し	81

【ほ】

ポインタ	78
ポインタ演算	85
ポインタ定数	115
ポインタ変数	78
ポリモーフィズム	126

【ま】

マージソート	159, 174
マクロ	14
――の副作用	14
マクロ展開	14
待ち行列	155
末尾再帰	30
丸め誤差	33, 36

【み】

ミニマックス法	185

【む】

無限ループ	18

【め】

命令パイプライン	45
メモ化	72
メモリ	78
メモリ保護	104
メモリリーク	90, 101
メルセンヌツイスタ	60

【も】

文字リテラル	62
文字列	61

——の連結	118	ライブラリ関数	9	連結リスト	99
文字列マッチング	170	ラッパー関数	146	連鎖法	180
戻り値	11	乱数生成	37		
モンテカルロ法	37			**【ろ】**	
		【り】		ローカル変数	6, 79
【ゆ】		リエントラント	91	論理積	8
ユークリッドの互除法	28	リスト	99	論理値	8
有限状態オートマントン	189	リファクタリング	30	論理和	8
【よ】		**【る】**		**【わ】**	
余算	184	ループ構造	17	ワードカウント	175
【ら】		**【れ】**		ワンライナー	30
ライフゲーム	68	例外処理	132		

【A】		**【H】**		Open GL	154
ASCII コード	61	hello,world	1	Open SSL	154
【B】		**【I】**		**【P】**	
BM 法	171	IDE	3	printf 書式	3
Boehm GC	131	IPA セキュアプログラミング講座	117	printf デバッグ	7
【C】		ISO–2022–JP	141	**【S】**	
calloc	88			SDL	154
Clang	1	**【K】**		SIMD ベクトル化	87
const 修飾子	114	KMP 法	171	sizeof 演算子	84
CSV	143	KR 法	171	SJIS	141
				SQLite	154
【D】		**【L】**		**【T】**	
DFA	189	Lex/Yacc	158	Thompson 構成法	191
DFS	164	Libcurl	152	try/catch	132
double 型	4	LRU	180	typedef	125
【E】		**【M】**		**【U】**	
error	2	main	2	Unicode	141
EUCJIS	141	malloc	88	UTF–8	141
		Map–Reduce	175		
【F】		MT	60	**【V】**	
FIFO	155			void ポインタ	83
final 修飾子	114	**【N】**			
FizzBuzz 問題	74	Newton–Raphson 法	43	**【記号と数字】**	
float 型	4	NFA	189	\"	4
		NULL	89	\\	4
【G】		NULL ポインタ	89	1 行コーディング	30
GC	128	**【O】**		10 パズル	182
GNU GMP	74	OpenCV	154	2 の補数表現	4, 36

―― 著者略歴 ――

1996年 東京大学工学部機械情報工学科卒業
2000年 東京大学大学院博士課程中途退学（情報科学専攻）
2000年 東京大学大学院情報学環助手
2003年 博士（理学）（東京大学）
2003年 工学院大学CPDセンター特任助教授
2005年 横浜国立大学講師
2006年 米ジョージア工科大学客員研究員（兼務）
〜07年
2007年 横浜国立大学准教授
　　　 現在に至る

TRONプロジェクト，東大デジタルミュージアム，
IPA未踏創造ソフトウェア事業，Konoha静的スクリプト言語開発，
JST/CREST ディペンダブル組込みOS などの開発参加経験をもち，
いまもNezオープン文法言語の開発に取り組む．

魔法のCプログラミング演習書 ―入門から実践まで―
Magic Drill for C Programming ―From Beginning to Practice―

Ⓒ Kimio Kuramitsu 2017

2017年1月6日 初版第1刷発行　★

検印省略	著　者	倉　光　君　郎
	発行者	株式会社　コロナ社
		代表者　牛来真也
	印刷所	三美印刷株式会社

112-0011　東京都文京区千石4-46-10
発行所　株式会社　コロナ社
CORONA PUBLISHING CO., LTD.
Tokyo Japan
振替 00140-8-14844・電話(03)3941-3131(代)
ホームページ http://www.coronasha.co.jp

ISBN 978-4-339-02866-9　（金）　（製本：愛千製本所）
Printed in Japan

本書のコピー，スキャン，デジタル化等の無断複製・転載は著作権法上での例外を除き禁じられております．購入者以外の第三者による本書の電子データ化及び電子書籍化は，いかなる場合も認めておりません．

落丁・乱丁本はお取替えいたします．

コンピュータサイエンス教科書シリーズ

(各巻A5判)

■編集委員長　曽和将容
■編集委員　岩田　彰・富田悦次

配本順		著者	頁	本体
1. （8回）	情報リテラシー	立花康夫／曽和将容／春日秀雄 共著	234	2800円
4. （7回）	プログラミング言語論	大山口通夫／五味弘 共著	238	2900円
5. （14回）	論理回路	曽和将容／範公可 共著	174	2500円
6. （1回）	コンピュータアーキテクチャ	曽和将容 著	232	2800円
7. （9回）	オペレーティングシステム	大澤範高 著	240	2900円
8. （3回）	コンパイラ	中田育男 監修／中井央 著	206	2500円
10. （13回）	インターネット	加藤聰彦 著	240	3000円
11. （4回）	ディジタル通信	岩波保則 著	232	2800円
13. （10回）	ディジタルシグナルプロセッシング	岩田彰 編著	190	2500円
15. （2回）	離散数学 —CD-ROM付—	牛島和夫 編著／相利民／朝廣雄一 共著	224	3000円
16. （5回）	計算論	小林孝次郎 著	214	2600円
18. （11回）	数理論理学	古川康一／向井国昭 共著	234	2800円
19. （6回）	数理計画法	加藤直樹 著	232	2800円
20. （12回）	数値計算	加古孝 著	188	2400円

以下続刊

2.	データ構造とアルゴリズム	伊藤大雄 著	3. 形式言語とオートマトン	町田元 著
9.	ヒューマンコンピュータインタラクション	田野俊一 著	12. 人工知能原理	嶋田・加納 共著
14.	情報代数と符号理論	山口和彦 著	17. 確率論と情報理論	川端勉 著

定価は本体価格+税です。
定価は変更されることがありますのでご了承下さい。

図書目録進呈◆

情報ネットワーク科学シリーズ

（各巻A5判）

コロナ社創立90周年記念出版 〔創立1927年〕

- 電子情報通信学会 監修
- 編集委員長　村田正幸
- 編集委員　会田雅樹・成瀬　誠・長谷川幹雄

本シリーズは，従来の情報ネットワーク分野における学術基盤では取り扱うことが困難な諸問題，すなわち，大量で多様な端末の収容，ネットワークの大規模化・多様化・複雑化・モバイル化・仮想化，省エネルギーに代表される環境調和性能を含めた物理世界とネットワーク世界の調和，安全性・信頼性の確保などの問題を克服し，今後の情報ネットワークのますますの発展を支えるための学術基盤としての「情報ネットワーク科学」の体系化を目指すものである．

シリーズ構成

配本順			頁	本体
1.（1回）	情報ネットワーク科学入門	村田正幸 成瀬　誠 編著	230	3000円
2.（4回）	情報ネットワークの数理と最適化 ―性能や信頼性を高めるためのデータ構造とアルゴリズム―	巳波弘佳 井上　武 共著	200	2600円
3.（2回）	情報ネットワークの分散制御と階層構造	会田雅樹 著	230	3000円
4.	ネットワーク・カオス ―非線形ダイナミクス・複雑系と情報ネットワーク―	長谷川幹雄 中尾裕也 合原一幸 共著		
5.（3回）	生命のしくみに学ぶ 情報ネットワーク設計・制御	若宮直紀 荒川伸一 共著	166	2200円

定価は本体価格+税です．
定価は変更されることがありますのでご了承下さい．

図書目録進呈◆

メディア学大系

(各巻A5判)

- ■第一期 監　　修　相川清明・飯田　仁
- ■第一期 編集委員　稲葉竹俊・榎本美香・太田高志・大山昌彦・近藤邦雄
　　　　　　　　　　榊　俊吾・進藤美希・寺澤卓也・三上浩司（五十音順）

配本順		著者	頁	本体
1.（1回）	メディア学入門	飯田　仁／近藤邦雄／稲葉竹俊 共著	204	2600円
2.（8回）	CGとゲームの技術	三上浩司／渡辺大地 共著	208	2600円
3.（5回）	コンテンツクリエーション	近藤邦雄／三上浩司 共著	200	2500円
4.（4回）	マルチモーダルインタラクション	榎本美香／飯田　仁／相川清明 共著	254	3000円
5.	人とコンピュータの関わり	太田高志 著		
6.（7回）	教育メディア	稲葉竹俊／松永信介／飯沼瑞穂 共著	192	2400円
7.（2回）	コミュニティメディア	進藤美希 著	208	2400円
8.（6回）	ICTビジネス	榊　俊吾 著	208	2600円
9.（9回）	ミュージックメディア	大山昌彦／伊藤謙一郎／吉岡英樹 共著	240	3000円
10.（3回）	メディアICT	寺澤卓也／藤澤公也 共著	232	2600円

- ■第二期 監　　修　相川清明・近藤邦雄
- ■第二期 編集委員　柿本正憲・菊池　司・佐々木和郎（五十音順）

11.	自然現象のシミュレーションと可視化	菊池　司／竹島由里子 共著		
12.	CG数理の基礎	柿本正憲 著		
13.	音声音響インタフェース実践	相川清明／大淵康成 共著		近刊
14.	映像メディアの制作技術	佐々木和郎／上林憲行／羽田久一 共著		
15.	視聴覚メディア	近藤邦雄／相川清明／竹島由里子 共著		

定価は本体価格+税です。
定価は変更されることがありますのでご了承下さい。

図書目録進呈◆

自然言語処理シリーズ

(各巻A5判)

■監修　奥村　学

配本順			頁	本体
1. (2回)	言語処理のための機械学習入門	高村大也 著	224	2800円
2. (1回)	質問応答システム	磯崎・東中／永田・加藤 共著	254	3200円
3.	情報抽出	関根　聡 著		
4. (4回)	機械翻訳	渡辺・今村／賀沢・Graham／中澤 共著	328	4200円
5. (3回)	特許情報処理：言語処理的アプローチ	藤井・谷川／岩山・難波／山本・内山 共著	240	3000円
6.	Web言語処理	奥村　学 著		
7. (5回)	対話システム	中野・駒谷／船越・中野 共著	296	3700円
8. (6回)	トピックモデルによる統計的潜在意味解析	佐藤一誠 著	272	3500円
9.	構文解析	鶴岡慶雅／宮尾祐介 共著		
10.	文脈解析：述語項構造，照応，談話構造の解析	笹野遼平／飯田　龍 共著		
11.	語学学習支援のための自然言語処理	永田　亮 著		
12.	医療言語処理	荒牧英治 著		

定価は本体価格＋税です。
定価は変更されることがありますのでご了承下さい。

図書目録進呈◆